JN029735

勝負師の条件

同じ条件の中で、なぜあの人は卓越できるのか

守屋 淳
Atsushi Moriya

日本経済新聞出版

まえがき

『孫子』を読んだ同士が戦ったら、どうなるのか

筆者はもともと中国古代思想の専門家であり、とくに兵法書の『孫子』の解説書を何冊か上梓してきた。

『孫子』とは、一言でいえば戦略の本だ。自分が軍隊の将軍だったとして、ライバルの知らない戦略やかけひきを自分だけが『孫子』から学べるなら、勝てる確率は高くなるだろう。

しかし、もしお互いが同じように『孫子』を学んでいたら、こと知識の面では差がつかなくなる。このとき、お互いの戦力も似たり寄ったりだったとしたなら、何が勝敗を決めるのだろう。

指揮官の知的な能力に焦点をあててみるなら、非常にプレッシャーの厳しい環境の中で、人並みすぐれた洞察力や判断力、さらには学んだ戦略に対する応用力を発揮できるかどうかが、大きく問われてくるだろう。あとは、これも能力と呼べるのなら、運の良さも

必須だ。

これは軍事での話だが、情報が氾濫する現代社会においても、似たようなことが多くのジャンルで起こっている。

たとえば将棋の世界。

ＩＴとネットの進化によって将棋の世界に起きた最大の変化は、将棋が強くなるための高速道路が一気に敷かれたということです。でも高速道路を走りぬけた先では大渋滞が起きています。[1]

有名な羽生善治棋士の「高速道路論」だ。将棋は今、主要な対局をネットで同時生中継しているため、素晴らしい新手を指したとしても、あっという間に周囲にそれがバレ、対策を考えられてしまう。また、将棋ソフトを使っての学習も盛んだ。豊富な情報を活かしてお互いがお互いに学び合うため、ある程度のレベルまではみな高速道路を走るようにスイスイ行けるが、みな似たようなレベルで頭打ちになって渋滞、先に行きにくくなってしまう。

また、企業間の競争でも次のような指摘がある。

ここで、経営コンサルタント業界の小さな暗い秘密をお教えしよう。ある企業のために独自の戦略を策定するのは極端にむずかしいし、業界の他社の動きとはまったく違う戦略を策定した場合、それはおそらくきわめてリスクの高いものなのだ。その理由はこうだ。どの業界も経済モデル、顧客が表明する期待、競争構造によって枠組みが決まっており、これらの要因は周知のことだし、短期間に変えることはできない。

したがって、独自の戦略を開発することはきわめてむずかしいし、開発できたとしても、それを他社に真似されないようにするのはさらにむずかしい。たしかに、コスト構造や特許で、他社の追随を許さない強みを持つ企業がないわけではない。ブランド力も競争上の強力な武器になり、競合他社はこの面で業界のリーダーに追いつこうと必死になっている。しかし、これらの優位が他社にとって永遠に越えられない壁になることはめったにない。

結局のところ、どの競争相手も基本的におなじ武器で戦っていることが多い。[2]

1 『ウェブ進化論』梅田望夫　ちくま新書　二〇〇六年

2 『巨象も踊る』ルイス・V・ガースナー・Jr　山岡洋一　高遠裕子訳　日本経済新聞出版　二〇〇五年

ＩＢＭを立て直したことで有名なルイス・ガースナーの言葉だ。彼はもともとマッキンゼーでコンサルタントをしていた。

確かにこの指摘の通り、大企業同士の競争というのは、消費者の目から見れば似たり寄ったり。企業名を隠してしまえば見分けのつきにくい製品やサービス、広告、販売戦略が氾濫している。

しかし、このように情報が飽和し、お互いが似てしまわざるを得ない状況の中でも、抜群の成果を生み出し続けられる人たちがいる。人並み外れた洞察力や判断力の持ち主たち、と言ってもいいだろう。

いったい彼ら彼女らは、なぜそのようなことが出来てしまうのか。これが本書のテーマに他ならない。

ＡＩが判断しきれない状況の中で

本書のタイトルにある「勝負師」とは、一般的には、

「勝ち負けがはっきりつくような世界で、ひたすら勝ちを目指すべく執念を燃やす人」

「勝負事において、沈着に状況を見すえて、大胆な手で成果をもぎ取ってみせるような人」

といった意味で使われる。老練なチェスのグランドマスターや、ポーカーフェイスを崩

さない辣腕の賭博師など、そんなイメージの典型だろう。

この本では、もちろんそのような意味も含ませてはいるが、ビジネスや生き方なども含めた、もう少し幅広い領域を対象に考えて、少し意味を広げている。

なぜなら近年、チェスや将棋、囲碁、ポーカーなどに象徴される「勝負事」の世界では、ＡＩが破竹の勢いで人間を圧倒していく事態が進んでいったからだ。

こうなると、

「勝負事においては、ベストな判断はＡＩができる」

という話になってしまう。「勝負師はＡＩ」で本書の記述は終わりになる。

ただし、もちろんこれは特定の領域での話だ。

ゲームやスポーツは、限定された土俵とルール、構成要素の枠内ですべてが進んでいく。つまり、競争の領域が外部に対して閉じているのだ。競技中に突然、競技盤のマス目が増えたり、駒の数が増減したりはしない。

また「完全情報ゲーム」という言葉もあるが、ボードゲームであれば、お互いの手の内も、判断に必要な情報もすべて盤の上に一目瞭然だ。カードゲームだと、相手の手の内がわからないが、カードの数と種類が限られているので確率や統計での処理が可能だ。

こうした、限定された情報を論理や確率、統計で扱えるようなジャンルは、計算能力の高まったＡＩの独壇場であり、実際、人間はＡＩにまったく勝てなくなってしまった。

一方、ビジネスや人生では、何か重要な決断をするときに必要な情報がみな揃っていることなど滅多にない。しかも領域が外部に開かれているため、環境やルール、構成要素、前提条件のチェンジが当たり前の世界だ。

ボードゲームでいえば、盤面の一部が見えなかったり、ゲーム環境や構成要素がいつのまにか変わったり、自分の駒が反抗や面従腹背したりする。しかもルールを自分に有利にしようとお互いゆがめ合う上に、こちらが立ち止まって考えている内に、ライバルたちはどんどん先へ行ってしまう。こちらが何か手を打つまで、礼儀正しく待ってくれなどしない。

さらに外部からの影響で、未知の構成要素が大量に入り込んできたり、土俵やルール自体も引っ繰り返されたりする。ビジネスにおけるイノベーションは、この典型だ。

このような環境では「前提条件」「枠組み」「基本的な構成要素」「判断に必要な情報」も移ろうため、論理や確率、統計ですべてを片付けることなど不可能でしかない。ＡＩでも扱えないような局面がしばしば出てきてしまう。

もちろん、ある領域が外部に対して閉じているか開いているかは、二分法ではなく、グラデーションや入れ子状になっている。

このような状況を踏まえ、本書では、より開いた領域の側に重点を置きつつ、

「誰しも判断を間違えてしまう複雑きわまりない競争状態の中で、他人よりすぐれた判断

ができる人」の有り様を探究していく。これが可能な頭脳を持つ人が、本書における「勝負師」の意味になる。

勝負師たち

奇しくも筆者は、二〇〇五年くらいから経営者や起業家、コンサルタント、ファンドマネージャー、弁護士、会計士、自衛官、政府関係者、学者、格闘家、芸術家といった方々と、複数の中国古典の勉強会を続けてきた。また、雑誌連載や単行本執筆のために、多くの経営者にインタビューをお願いしてきた。その中には、まさしく、「誰しも判断を間違えてしまう複雑きわまりない競争状態の中で、他人よりすぐれた判断ができる人たち」が、含まれていた。そうした人々の発言や、古今東西の「勝負師」たちの著作を突き合わせていくと、そこにはいくつかの共通点が浮かび上がってきた。

本書は、その共通点を筆者なりに腑分けし、分析したものに他ならない。

本書には数多くの「勝負師」が登場するが、なかでも登場回数の多い四人の方がいる。いずれも、縁あって筆者が長い時間お話をうかがうことの出来た方々であり、本書の大枠はこの四人の方々の見識を筆者なりに体系づけ、注釈をつけた内容だともいえる。本編に入る前にその人物像をご紹介したい。一章からの登場順に——

和田洋一氏。

一九八四年野村證券入社、二〇〇〇年にスクウェアに入社、二〇〇一年倒産の恐れのあった同社の社長に就任し再建、二〇〇三年エニックスとの合併を果たし、スクウェア・エニックス（現スクウェア・エニックス・ホールディングス）代表取締役社長となった。二〇一三年の退任までに売り上げ規模を五倍以上にする。

また、社団法人コンピュータエンターテインメント協会会長、経団連の著作権部会長などを歴任、業界の健全な発展のための自主規制等を進め、二〇一六年藍綬褒章を受章。

筆者は二〇〇九年、経済同友会での「論語と算盤読書会」でご一緒し、和田氏があまりにも卓越した見識を披露されていたため、ぜひさらにお話をうかがいたいと会社に取材に出向き、さらに勉強会にもお誘いして、指導を賜っている。

酒巻久氏。

一九六七年キヤノン入社、ＶＴＲの基礎研究や、巨人・ゼロックスの牙城を崩した複写機の開発にかかわる。当時、キヤノンからの攻勢に業を煮やしたゼロックスが、酒巻氏に引き抜きをかけたという逸話もある。

その後も、ワープロやデジタルカメラの開発、スマホの祖の一つというべきＮＡＶＩの開発などにかかわる。ＮＡＶＩを絶賛したスティーブ・ジョブズから共同開発を持ち掛けられ、ＮｅＸＴキューブやＮｅＸＴステーションにもかかわる。ただし、ＮＡＶＩもＮｅＸＴも、時代に先んじ過ぎていてプロセッサーとメモリの性能が追いつかず、また値段も高く売れなかった。キヤノンはここで諦めたが、ジョブズはこの後も粘り続け、後のｉＰａｄやｉＰｈｏｎｅへと繋げていく。

一九八九年取締役システム事業部長兼ソフトウェア事業推進本部長。一九九六年、常務取締役生産本部長。一九九九年より、海外からの引き抜きの誘いを断ってキヤノン電子社長となり、就任六年で利益率一〇％超の高収益企業へと成長させる。

筆者はクラウゼヴィッツの『戦争論』の戦術を酒巻氏がうまく活用しているという雑誌記事を読んで、お願いして取材させて頂き、以後何度かの長時間インタビューを通じて教えを受けている。

大森義夫氏。

一九六二年に警察庁に入庁後、警視庁公安部長、警察大学校長などを歴任。警視庁公安部外事第一課長時代には、ソ連情報の専門官であった宮永幸久（ゆきひさ）陸将補が、ソ連に内部情報を流していることをつきとめ（宮永スパイ事件）、捜査を指揮し逮捕した。

その後、一九九三年〜九七年まで、内閣官房内閣情報調査室長を務める。この間、政権交代が二度あったが、他に替え難い人材ということで宮澤喜一、細川護熙（もりひろ）、羽田孜（つとむ）、村山富市、橋本龍太郎各首相に仕えた。

さらに、退官後はＮＥＣの専務取締役や外務省「対外情報機能強化に関する懇談会」座長、日本文化大学学長を歴任した。「情報マンは目立ってはいけない」と、すべての叙勲を固辞し、二〇一六年逝去された。筆者にとっては十年以上にわたって中国古典の勉強会をご一緒した恩師であり、物故者ではあるが「氏」をつけさせて頂く。濁流のような世界にいながら、高潔、清廉としか言いようのない人柄の方だった。本書を、師に捧げたい。

最後に、澤上篤人(あつと)氏。

若い頃スイスに単身乗り込み、一九七〇年から七四年までスイス・キャピタル・インターナショナルにて金融業界で修行を積んだ後、アナリスト兼ファンドアドバイザー。その後、一九八〇年から九六年までピクテジャパン（現・ピクテ投信）代表取締役。ピクテは世界最大級のプライベートバンクであり、顧客資産の保全と長期運用で、二百年を超す歴史を誇る。

一九九九年、日本初の独立系投資信託会社さわかみ投信株式会社を設立、当初は個人で十億円の負債を負うなどの苦労を重ねるが、現在、顧客数では十万人超のファンドに成長させた。さらに他の長期投資会社設立も多数支援して、日本に長期投資を定着させた。

筆者は、十五年以上も中国古典の勉強会をご一緒し、その見識を学ばせて頂いている。

この他にも数多くの方々に本文ではご登場願っている。匿名の方も含まれるが、まずは、こうした方々に深甚な感謝を捧げたい。

また、本文にお名前を出した方以外では、将棋については酒井秀夫氏、囲碁については梅木大輔氏、麻雀については小林聖氏、コーチングについては原口佳典氏に、金融については山下哲生氏にそれぞれご教授頂いた。株式会社マリオンの福田敬司社長には大森氏との勉強会を、アルバ・エデュの竹内明日香氏、西村あさひ法律事務所の宮坂彰一氏には、和田洋一氏や相澤利彦氏を始めとする大勢の勝負師たちが参加する勉強会を立ち上げて頂いた。『最高の戦略教科書　孫子』以来、編集を担当する白石賢氏、筆者を支え続けてくれた家族も含め、同じく心よりの感謝を献じたい。

守屋　淳

二〇二三年三月一日

目次

勝負師の条件

同じ条件の中で、なぜあの人は卓越できるのか

I部

「勝負師」たちの土台
――当たり前だけど、当たり前にできないこと……21

第一章

部
敵やライバルなんて、本当に存在するのか……87

部 未来は誰にもわからない、しかし……133

Ⅳ部 「己を知る」という難問① 諫言役を持つ

V部 「己を知る」という難問 ②もう一人の自分……229

第十七章 「自分を超えた自分」はどこから来るのか

第十八章 メタ認知の技法

Ⅰ部

「勝負師」たちの土台

――当たり前だけど、当たり前にできないこと

第一章

ある領域での長く深い経験

① 察知力と直感

微妙な変化やパターンの感知

もし人が、プレッシャーの厳しい競争状態で何かを正しく判断したいと思うのなら、何より必要となるのが、その領域での経験だろう。

たとえば、何の経験もない新兵がいきなり軍隊の指揮を任されて、複雑に入り組んだ戦場全体の指揮をしろ、と言われてもこれは不可能だ。

しかし、何年ものあいだ戦場で厳しい経験を積んだ上でなら、過去の経験の蓄積を活かして、今の状況を読み解き、それなりの判断を下せる人材が必ず育ってくる。ごく例外的に本などの知識や、他領域の経験からの類推だけで、現場経験なしに見事な采配を振るえる天才もいるが、本当にごく稀なケースだ。

この意味で、筆者が取材した「勝負師」たちは——天才タイプも存在するのだが——まずは、よりよい判断に資するような経験を積んだ人々だった。言葉を換えれば、ビジネス経験のない「名経営者」も、チェスを打ったことのない「グランドマスター」も存在しない。囲碁や将棋のＡＩにしろ、膨大な情報入力や対局を繰り返すという「経験」の末に強さを獲得している。

この章では、ある領域で「長く深い経験を積むこと」が、どのような能力の習得に結びつくのかを探究していく。

まずは、金融の例を見てみよう。

リーマンショックによって株価が暴落した二〇〇八年に、月ごとの成績でいえば十一勝一敗という信じられない結果を残したファンドマネージャーがいる。

「なぜ市況がどん底のときに、そんな成績が残せたんですか」

という筆者の質問に対して、返ってきた答の一つがこれだった。

「若いときからずっと、経済の主な指標を毎日手書きでノートに写していました。ただし、紙に書くと数字を覚えるというメリットはあるのですが、後で見返しても数字が並んでいるだけなんです。

パソコンが普及してからエクセルに記録することに変更しましたが、かならず自分の手でコピー&ペーストしてます。これをずっと続けていると、人の気づかない本当に微妙な変化に気づけるようになるんです。

それともう一つ、エクセルの良いところは、書き込んだ数字を簡単に図表にできるんです。そのおかげで、やはり他の人が気づいていない指標の連動——こっちの指標とあっちの指標が実は繋がっているということも、わかったりします。

今の若い人からは、『そんなの記録しなくても、データベースはパソコンのキーを叩けば、いつでも見れますよ』と言われたりしますが、データベースがいくらあっても、変化に気づけないなら、意味がないんです」

筆者なりにこれを言い換えると、このファンドマネージャーは、定点観測している情報をいったん自分の身体に通すという作業をひたすら続けていくことで、自分の身体を、情報の繊細なセンサーに仕立てたわけだ。その結果、微妙な変化やパターン、つながりが読みとれるようになっていった。それが抜群の成果の基となったのだ。

このような行動を取るきっかけになったのが、学生の頃にやっていたスロットマシンだったという。スロットマシンも、じっと観察しているとその癖がわかるというのだ。

「スロットマシンのスタートボタンって、ボタンを押して、すぐスタートするのが普通なんですけど、昔の機種は型によっては○・一秒とか○・○五秒とかスタートが遅れるんです。これは、次に777とかBAR・BAR・BARといった役が入るサイン。ほんの一瞬なので、普通の人にはわからないのですけど、真剣に見るとわかります。これを見落とすと、コンピュータがすでに777を並べる準備ができているのに、コインが無くなってしまって、そのまま席を離れたりする人が出るわけです。その後に座れば、一発で777が並びます」

ものづくりの世界でも、超一流の職人の中には、高精度の計測機械すら測れない微妙な差異を感じ取れる人々が存在するが、まったく同じこと。ある領域での長く深い経験は、他の人にはわからない微妙な変化やパターンを察知する基となる。

大局観、方向性、ビジョン

さらに、将棋の羽生善治棋士は、本の中で次のように記している。

> 将棋は、ある時期にどれだけ将棋を指したかがすごく大きな要素になるんですね。この局面での最善手はこれだ、と盤面を見てパッと思い浮かぶのを第一感というんで

すが、つまり直感ですね、その大雑把に感じを摑む訓練は十代前半ぐらいにしておかないと、後になってどんなに頑張っても身につけるのが難しいような気はします。[1]

大量の対局を経験し続けることで、「直感」が身につくというのだ。では、「直感」とは何か。羽生棋士はこう説明する。

棋士が手を選ぶ時、最初に使うのは「直感」。状況をざっくりと大雑把につかんで、「ここがポイントかな」というところを最初につかむ。そこから今度は「読み」に入る。「読み」とは、簡単に言うと、シミュレーションのこと。[2]

この「直感」、筆者なりに言い換えれば、

・「いま全体がこんな感じになっている」という大局観
・「この将棋はこういう方向に行きそうだ」という方向性やビジョン
・素人には「混乱していてグチャグチャだ」としか見えない状況での、判断の急所に対する洞察
・これら三つを総合した上で導き出される、いま指すべき手

以上の事柄に関して、無意識がそっと差し出してくれるヒントや答に他ならない。

ファンドマネージャーと羽生棋士の言葉からわかるのは、「ある領域での長く深い経験」を積むことは、「微妙な差やパターンの察知力」「大局観や方向性、ビジョン、急所の洞察力」という二系統の力を養うもとになる、ということだ。
そしてこれらの力は、「優れた専門家」と呼ばれる人々――まさしくファンドマネージャーや棋士が典型だが――は、素人とは何が違うのか、という観点と繋がってくる。

レイヤーの世界観

心理学者のゲーリー・クラインは、『決断の法則』という本の中で、専門家が手にする力について、次のように記している。

専門家に見えて他の人に見えないことは、次のとおりである。

1 『簡単に、単純に考える』羽生善治　PHP文庫　二〇〇四年
2 『羽生善治の思考』羽生善治　ぴあ　二〇一〇年

・未経験者が気づかないパターン
・異常性――つまり起きなかった出来事や予測に反する出来事
・状況の全体像（状況認識）
・状況の進行方向
・チャンスと対応
・過去に起きた出来事と将来起きる出来事
・未経験者に分からない細かい違い
・自分の限界[3]

ここに記されている要素も、「自分の限界」という自身に対する言及をのぞけば、

① 他人が気づかないパターンや微妙な差などを見抜けること――観察力や察知力
② 全体像やビジョン、判断の急所がわかること――大局や急所に対する直感や洞察力

と、大きく二つに括ることができる。確かにこうした力が鍛え上げられれば、成果は残しやすくなるだろう。

ただし、この①と②には一つ大きなポイントがある。①と②を持ちやすい局面もあれ

ば、一つだけ持ちやすい、ないしは共に持ちにくい局面もあるのだ。

スクウェア・エニックスの社長だった和田洋一氏がこんな指摘をしていた。

「レイヤー（層）の世界観をまず持つことが重要。いくら下から積み上げてもビジョンは出ません」

難解な言葉なので、筆者なりの補助線を入れて解釈してみたい。補助線として使うのは、まえがきで触れた、ゲームに象徴される「閉じた領域」と、ビジネスや人生に象徴される「開いた領域」の対比だ。

まず、ゲームやスポーツのような閉じた世界であれば、現場での経験を積むことで、①の観察力や察知力と、②の大局観や方向性の感覚をともに養うことができる。

実際、囲碁や将棋の棋士たちは、ひたすら対局経験を積み上げる中から細かい違いやパターンを認識したり、大局観や大きな流れの感覚、そして急所の判断力を養ってみずからの武器にしている。

また医療の世界でいえば、ドクターたちは、レントゲン写真や検査結果などを精査し

3　『決断の法則――人はどのようにして意思決定するのか？』ゲーリー・クライン　佐藤佑一監訳　ちくま学芸文庫　二〇二一年

て、素人ではまったく見分けられない微かな影や数値の異常から、病気の原因や全体像を特定し、治療法を見つけていく。

　言葉を換えれば、こうした世界はある枠内で完結しているので、その中での「絶対」や「最善」の探究が、下からの積み上げで可能になる。こうなると、スペックが上がれば上がるほどＡＩの独壇場となっていく。そして、こうしたフィールドはフレームを人工的に設定しないと往々にして成立しない。

境界の垣根が低くなる中で

　一方の現実社会というのは、便宜上何らかの枠——たとえば国や組織、さらには個人、専門領域等々——を設けたとしても、そこで完結はしない。程度の差はあるが外部世界に開かれているので、他との相互交流の中で枠自体やルール、構成要素が移り変わっていく。

　もちろんそんな中でも、会社でたとえるなら、個々のセールスや交渉事といった、比較的外部に閉じた領域やレイヤーは存在している。そこで経験や知見をうまく積んで、微妙な変化やパターンを読み取り、「全体像」や「ビジョン」「急所」を洞察して成果をあげることは可能だ。実際、辣腕（らつわん）のセールスパーソンや弁護士たちが、相手の利害のツボや、落とし所を読んで結果を出している。

一方で、企業全体の経営といった大きなレベルになると、自国や世界の政治情勢、カントリーリスク、文化や社会制度、法制度、環境や資源の動向、他社の動き、消費者の嗜好、技術やイノベーションの進展度合い、天災や人災のリスク、金利や為替……こういったもろもろの外部要因との相互作用によって、「全体像」や「ビジョン」は揺れ動いていく。

たとえば、戦後長らく日本の会社に求められたのは「雇用維持」だった。それがある時期から「株主利益」「ROE（自己資本利益率）」となり、さらに「ESG（環境、社会、ガバナンス）」「SDGs（持続可能な開発目標）」重視になり、と大きく変転している。会社や業界の内部をひたすら注視して微妙な変化やパターンに気づいたとしても、それをベースに「全体像」や「ビジョン」は浮かび上がってこない。プラスして自社に影響を及ぼしてくる外部世界の知識や見識が必須になる。

現代では会社に限らず、組織や個人、専門領域といった括りすべてにおいて、グローバル化やデジタル化が境界線の垣根を低くし、流動性を加速化させている。先ほどのセールスや交渉事でも、デジタル化やグローバル化の大波が押し寄せる中で、その有り様が変容してしまった面もある。だからこそ、外部領域に対する知識の重要度が増し続けている。

そのような中で生き残るためには、次章で取り上げる「幅広い知識と教養」を持つことが必須なのだ。これが二〇一〇年代後半からにわかに脚光を浴びた「リベラルアーツ」や

「教養」ブームの背景ともなる。

現実の世界では、ある領域やレイヤーが閉じているのか、開いているのかは二項対立ではない。複雑に入り組んだり、グラデーションになっている。まずは、この構図を認識することが、「ある領域での長く深い経験」を卓越した判断力に結びつけられるか否かの第一歩となる。

当てになる直感、なりにくい直感

ただし、閉じた領域やレイヤーで経験を積んだとしても、そこで得た直感に一〇〇%の精度は期待できない。とくに②の「全体像やビジョン、判断の急所」にかかわる直感とは、過去の経験の蓄積をもとに自分が無意識にそう感じたというだけであり、確実な何かを示してはいないからだ。

では直感がどれくらいの精度を持つのだろう。これは状況の複雑さや、敵やライバルが意表を突こうとしてくる度合い、さらに選択肢の数などに左右される。

たとえば、比較的単純な構造を持つ機械の、故障原因を調べる場合など、原因自体がいくつかのパターンに絞られるので、メンテナンスのベテランが症状を聞けば、直感でほぼ一〇〇%原因を言い当てられるだろう。

一方、これが将棋になると、羽生棋士が本の中で、

私はこれまで公式戦で千局以上の将棋を指してきましたが、直感はとても大事にしています。それというのも、パッと一目見て、「これが一番良い手だろう」と思いついた指し手のほぼ七割は、正しい選択だったからです。[4]

と書くように、精度はそれなりに落ちてしまう。さらに、同僚の森内俊之（としゆき）棋士（十八世名人）は、

羽生さんだから『直感の七割は正しい』んですけど、自分は羽生さんみたいにパッといい手は浮かばないので、時間を掛けて考えていくやりかたしかなかった。[5]

と述べていて、七割に満たない場合も普通に存在する。将棋のように、手が進むと選択

4『人間力――自分でツキを呼び、直感を磨く方法』船井幸雄　羽生善治　ビジネス社　二〇〇九年
5『透明の棋士』北野新太　ミシマ社京都オフィス　二〇一五年

肢の可能性が膨大に膨れあがってしまうタイプでは、いくら閉じた領域でも、どう頑張っても三割以上は不正解になってしまうのだ。だからこそ、無意識から湧き出た直感が、本当に正しいか否かの検算が必要になる。それが前の引用にあった「シミュレーション」に他ならない。

これは裏を返してみれば、ある程度以上は直感の精度が上がりにくい領域であればこそ、羽生棋士のように自分一人だけが精度を高められれば、圧倒的に有利になることも意味する。検算の時間がとれない、瞬時の判断が要求される状況でも、まったく同じだ。ただし同時に、「馬齢を重ねる」という表現もあるように、同じ領域で長い経験を積んだはずなのに、たいした観察力や察知力すら持てない場合も少なくない。

では、とくにゲームやスポーツのような閉じた領域で、いかに直感の精度を高めることができるのか。古今の「勝負師」たちの発言や著作を見ていくと、この点でも彼／彼女たちには共通する原理が存在していた。

第二章 ある領域での長く深い経験

②経験の巧みな積み方

感想戦をなぜやるのか

「長く深い経験」を積むための、古今の「勝負師」たちに共通する原理、その筆頭が、「直後の徹底した振り返り」の実践だ。筆者の「孫子勉強会」に顔を出していた将棋棋士であり、「バックギャモン」のグランドマスターでもある片上大輔氏に、「羽生棋士はなぜ強いのか」と尋ねたことがある。そのときこんな会話になった。

「将棋って終わった後に感想戦というのをやるんですが、なぜ感想戦をやるのかわかりますか」

感想戦というのは、ある対局が終わった後に、もう一回、今度はお互いに「この手はよかった」とか「このときはこう指すべきだった」と、感想を言い合いながらその対局を繰り返して、検討することだ。将棋ばかりでなく、囲碁でも行われている。

「いや、全然わからないです」

と筆者が答えると、

「それはね、負けた側が納得したいからやるんですよ。対局に負けて、理由がわからないとモヤモヤしちゃうじゃないですか。そうすると、気持ちが切り替わらずに次の対局にも悪い影響が出てしまう。

でも、感想戦をやると、すべてではありませんが負けた理由がわかるんです。そうすると区切りをつけて、新たな対局に行けるんです。

だから、感想戦ってすごくテンションが低いんです。対局で全力を出し切って、しかも終わるのが深夜になることもあります。そこから感想戦を始めて、明け方近くまでかかることもありますから。ところがそんな中で、本番とまったくテンションが変わらない棋士が一人います。それが羽生さんなんです」

実際、感想戦での羽生棋士の姿が、本の中で次のように描かれている。

報道陣の多くが居眠りしている中、二日間戦いきったにもかかわらず羽生は、将棋を覚えたての子どものように、眼をらんらんと輝かせて未開の局面を調べ続ける。[6]

では、なぜこんな振る舞いが可能なのか。その理由を片上棋士に尋ねると、ちょっと予想外の答えが返ってきた、

「羽生さんほど勝ちにこだわらない人はいないんです」

この指摘は、次のような羽生棋士の記述と重なり合う。

自分の納得できる将棋を指せたときには、たとえ負けても満足できるんです。私の将棋の理想は、一局の将棋が初手から終わりの一手まで、一本の線のようになっていることなんです。この手を指されたら次の手はこうなる。そこには自然の流れと理論的な必然性があって、本来つながっている一本の線があるはずで、その一本の線を極

6 『羽生善治　闘う頭脳』羽生善治　文春文庫　二〇一六年

力見つけたいと思ってやっています。[7]

「将棋の全容を少しでも解明したい」という静かな気持ちはあります。あえて言えば、これが棋士を続けるモチベーションになっているのかも知れません。[8]

将棋ほど負けて悔しいゲームはない、という人がいる。確かに、一手一手すべて自分の責任であり、何も他人のせいにできない。しかも、手を伸ばせば届くような至近距離にいる相手と、互いの王を殺しあって、自分の方が先に殺されることが確実にわかった時点で負けなのだ。

このため将棋にしろ——もう少しマイルドな囲碁ですら——負けた口惜しさのあまり、感想戦を拒否して帰ってしまう棋士がいたりする。

さらに、対局中に相手が悪い手を指してくれれば、チャンス到来とばかりに喜ぶのが普通の姿だろう。ところが羽生棋士は、「嫌な顔というか、がっかりする」「ここからがおもしろいところだったのに」[9]という態度を見せるというのだ。

なぜ羽生棋士は、人が当たり前に持つこうした感情とは真逆の態度がとれるのか。それは、その先にある「何が最善の手だったのか」「他の手を選択した場合、どのような可能性があるのか」を徹底的に解明し、「将棋の全容」に迫ることが目指すものであり、そこに満足を感じているからだ。だから、最善の手の指し合いを望むし、勝敗がついた時点で将棋が終わるわけでもないのだ。

だからこそというべきか、こんな述懐まで残している。

将棋がいちばん発散になるかもしれませんね。一局の将棋を指して燃焼しきれたときって。疲れているとかストレスが溜（た）まっているとか、全部吹き飛びますから[10]

仕事でストレスを抱え込みがちなわれわれには羨ましい限りだが、こうした態度は、他の「勝負師」たちにも共通するものでもあった。

7　『簡単に、単純に考える』羽生善治　PHP文庫　二〇〇四年
8　『羽生善治　闘う頭脳』羽生善治　文春文庫　二〇一六年
9　『証言　羽生世代』大川慎太郎　講談社現代新書　谷川浩司棋士の証言　二〇二〇年
10　『羽生善治　進化し続ける頭脳』田中寅彦　小学館文庫　二〇〇二年

直後の振り返りとアウトプット

スマートフォンの父の一人、キヤノン電子の会長・酒巻久氏に取材をしたとき、こんな経験を語ってくれた。

「通勤電車での反省と準備を日課にしていました。新入社員のころ金沢文庫に住んでいて、会社のある下丸子まで電車で一時間以上かかるんだけど、帰りの電車でその日のことを振り返って、たとえば実験が失敗したらその理由と対策をひたすら考えるんですよ。考えに没頭してよく電車を乗り越していました。

家に帰ってからも考えて、翌日どうするかの考えがまとまるまで寝ないんですね。翌日の出勤の電車で、今日やることをもう一度検証するという繰り返しでした」

酒巻氏も、日々の振り返りと翌日のシミュレーション、そして実際の仕事でのアウトプットの繰り返しが、抜群の判断力や直感を養う基となったのだ。

即座ではないが、あるタイミングで、かならず振り返りをしていたというのが、先述した和田洋一氏だ。

「即座ではありませんが、小さな結果の連続で成り立っている、ある結果の塊を、もう一回自分で説明してみることはやっていました。トップは自分の足跡を一ミリ単位で説明できなくてはならない。やる前にどう思ったか、結果なぜそうなったのか、ともに言えなければならない。だから、ある一呼吸を置いて、説明してみるんです」

和田氏が、一呼吸置いた形で振り返りができるのには、理由がある。

「社長時代、その日一日の会話をすべて覚えていたので、寝る前に、一日の会話を全部頭の中で巻き戻していました。社長という肩書きは、会社の中で築き上げた権力の構造があります。僕がよく言っているのは、社長はガンダムのモビルスーツを着ていて、拡張機能を持った状態で人に当たっている。すると社員との会話の中で、こちらが指示したつもりはなくても、社員が指示されたと受け取ってしまう場合が出てきます。そう誤解されかねない会話があれば、翌日訂正を入れます」

和田氏は五十才半ばまでいっさいメモをとらなかったとも述べていたが、そんな常人離れした記憶力あってこその振り返りの形なのだ。

そうでなければ、やはり記憶の新鮮なうちに振り返っておくのが無難なのだろう。人の記憶というのは、時間が経つごとに自分に都合の良いような書き換えが進んでしまう——そんな結果が心理学の実験では出ているからだ。

うまくいった場合の検証

こうした振り返り、中身に関して一つ念頭に置いておいた方がいい事柄がある。それ

は、とくに敵やライバルがいる場合、

「うまくいかなかった場合だけでなく、うまくいった場合も徹底検証する」

ことの必要性だ。羽生棋士が尊敬する往年の名棋士・升田（ますだ）幸三は、こんな述懐を残している。


一流になれない、二流もむずかしいというのは、負けた口惜しさは知っておりますが、勝ったときに、本当に勝ったかどうか、調べようともしないものです。負けたとくやしいから、どこぞに勝つ手はなかったものかと、そこは勝負師ですから、調べる人は多いんですけどもね。

口惜しさなどは別にして、勝ったときも負けたときも——これを三百六十五日やる。すると、十年という歳月で、そこに雲泥の差が出来てくるわけです。[11]

自分が勝った、成果をあげたといったところで、単に運がよかっただけ、ライバルがコケただけかもしれない。では、一体何が本当の勝ち筋だったのか——勝ち負けの結果がすべてだと思ってしまうと、こうした検証は普通なされない。だから二流にもなれない、という指摘だ。この背景には、将棋は結局勝たねばウソだとされている。どんな不利な状況におち入っても、あくまで闘志を失わず、勝利の希望を捨てない。このことに間違いがあるとは思わない。勝ちを願うあまり、いろんな盤外作戦が行われたりするのは感心しないが、そのことだけで「勝負の鬼」を否定することは出来ない。しかし「勝負の鬼」だけで将棋の道の極地が究められるだろうか。真理に達しうるだろうか。「勝負の鬼」よりも将棋の本質に徹し、一歩でも真理に近づけばその方が本当は強いはずだ。それは「勝負の鬼」に対して「将棋の鬼」とでもいいたい。[12]（旧かな・漢字を新かな・漢字に変更）。

という彼の将棋観がある。そう、羽生棋士と同じく、勝ち負けを超えて将棋の真理、全体像が知りたいというモチベーションに衝き動かされているからこそ、勝っても負けてもそこで終わりとはならず、プロセスの徹底検証に向かえるのだ。

11　『王手』升田幸三　中公文庫　二〇〇三年

12　『塚田名人升田八段　五番将棋』朝日新聞出版　一九四九年

プロセスへの没入

もう一つ「勝負師」たちに共通しているのが、いま出てきた「プロセスの徹底検証」、もう少し細かくいえば、

「プロセスの解析と改善への徹底したこだわり」

に他ならない。やや極端な言い方をすれば「もっとも大事なはずの結果よりも、プロセスの方を重視」くらいの含意がここにはある。

この背景には、羽生棋士や升田幸三のように、

「真理や全体像を追い求めるなら、必然的にプロセスの解析重視にならざるを得ない」

という側面がある。さらには、やや逆説的だが、

「勝つという結果を出すためには、勝つという結果にこだわってはならない。ひたすらプロセスの解析と改善に徹することが、結果的には勝つもと」

という勝負事の一つの真実もあるだろう。自分が人並み外れた力を持てるまで成長できたり、その状況の本質を摑んでしまえば、結果は必ずついてくるはずだからだ。その意味では当たり前の話ともいえるが、しかしこの当たり前ができる人がなかなかいない。

さらに、プロセス重視の理由として、

「自分の考えを実現する過程が楽しい」

というケースもある。

キヤノン電子の酒巻久氏は、世界を代表する技術者であり、キヤノン本社在籍中には約六五〇〇件もの特許を取っている。スマホに必ずついている「戻るボタン」を最初につけたのも酒巻氏だ。

ところが、この件数は一部にしか過ぎず、部下などに譲った件数も含めると、自身の特許と合わせ一〇〇〇〇件以上となる。なぜそんなことが出来てしまうのか、という筆者の問いに、酒巻氏はさらっとこんなことを口にした。

「自分の考えたことを達成するのが目的で、その過程が楽しいんですよ。だから、できてしまうとつまらないので、飽きて人にあげてしまうんです」

過程を楽しむためにも、まず自分の実現したい夢を持つことが重要という意味で、酒巻氏は「夢見るも　仕事のうちや　春の雨」――江戸時代の女俳諧（はいかい）師の作[13]――が好きな俳句であるとも述べていた。

そして、羽生棋士と重なり合うような、こんな発言をしている。

「仕事の間はストレスがないんですよ。仕事が趣味」

13　江戸中期の俳諧師・諸九尼（しょきゅうに　一七一四～一七八一）の句

これとある面で重なり合う発言を、和田洋一氏も「感動」という切り口から述べている。

「しかるべき手を打っていれば、何カ月か前に行けそうだとわかる。そうなったときの『次』を考える。結果が出たときは、次に行っているのであんまり感動できない。行けるかな、というときはまだ結果が出てないので感動できない。感動できるのは、仕込んだけど、自分でやっていないとき。自分だと、読めるところは読める。結果が出ても読み通りとしか思えない」

酒巻氏の「できてしまうとつまらない」「飽きて」というのと本質的には同じ話だ。達人たちは、プロセスや他者の持つ意外性の中で遊ぶ。結果はある時点から必然でしかなく、おまけに過ぎないのだ。

定点観測

さらに、「勝負師」たちすべてに共通するわけではないが、長い経験をうまく積むための端的な技法を二つ触れておきたい。

まずは、冒頭のファンドマネージャーも武器としていた「定点観測」だ。

バッターとして三冠王を三回とり、しかも監督として中日ドラゴンズを常勝軍団に育てあげた落合博満氏に、監督時代のこんな述懐がある。

俺は選手の動きを一枚の絵にするんだ。毎日、同じ場所から眺めていると頭や手や足が最初にあったところからズレていることがある。そうしたら、その選手の動きはおかしいってことなんだ[14]

監督時代、同じ場所から選手たちを観察し続けることで、彼らの微妙な変化を見抜いて、采配に活用していたのだ。落合氏は、試合中に他の人たちがまったく気づかなかった、主審の体調不良をダッグアウトから見抜いて、声をかけたこともあった。

内閣情報調査室長だった大森義夫氏も、

「定点観測しないと、自分がそのとき気になったものしか見なくなる」

と述べていたが、変化している対象を観察するのに、自分までふらふら動いてしまうと、変化は捉えられなくなる。何か不動の観察点をつくって、継続的に注視し続けることで、初めて変化自体を把握することができるのだ。

また「定点観測」には、自分自身の変化を知るという効果もある。日本でツアー通算三

14『嫌われた監督――落合博満は中日をどう変えたのか』鈴木忠平　文藝春秋　二〇二一年

○勝をあげたプロゴルファーの倉本昌弘氏に、こんな指摘がある。

ある程度の怠け者ゴルファーは、自分の身体の衰えを、一年あるいは一年半のサイクルでクラブの助けを借りて維持していく（中略）もう一つの方法は職人のように、毎日毎日、細かい練習の繰り返しから、クラブを徹底的に自分のものにしていくことである。

クラブを変えていくことによって、自分の技術の進歩がわからなくなる。

しかし、職人タイプは、クラブは変わらないのだから、真っ直ぐ飛ぶようになったのも、距離が出るようになったのも、ピンそばに寄るようになったのも、すべてが自分の技術が向上したことによるのである。また、その日の調子を知る目安になるわけである。向上とか進歩は遅くても確実に自分のものにしていくことが可能なのだ。[15]

道具を変えることによって自分の技術のつたなさを補ってしまうと、自分自身の向上や劣化といった変化がわからなくなる。逆に同じクラブを使うことが、自分に対する定点観測となり、自分を進歩させるもと、体調を知るもとになるわけだ。

他人の失敗を集める

二つ目の端的な技法は、「失敗の集積」だ。

大森義夫氏は、情報分析に関して次のように記す。

> 情報分析とは直観力を頼りに多元方程式をいっぺんに解こうとするようなアート（芸ないしは芸術）の要素がある。しかも、この多元方程式は全ての変数が与えられているのではないので不確実な問題から不確実な回答を引き出す決断を伴うのが宿命である。不確実の中の確実性を高めるツールとして経験あるいは失敗の集積、雑多な知識（ナレッジ）が役立つ。その繰り返しからエキスパティーズ（専門技能）が育ってくる。情報を読むためには第一歩として「パターン認識」が大切だ。[16]

ポイントは「失敗の集積」という部分。「蓄積」という表現ではないのがミソだ。要は

15 『三秒で打つ』倉本昌弘　ＰＨＰ研究所　一九九七年

16 『「インテリジェンス」を一匙——情報と情報組織への招待』大森義夫　紀伊國屋書店　選択エージェンシー　二〇〇四年

自分の失敗はもちろんのこと、他人の失敗を集めて蓄め込んでいくことで、判断の確実性が高められるというのだ。これも同じような実践をしている「勝負師」は多い。筆者が一章の冒頭に出てきたファンドマネージャーに、

「長く生き残っているファンドマネージャーって、どんな人なんですか」

という質問をしたとき、返ってきた答の一つはこうだった。

「自分の失敗ばかりではなく、とにかく他人の失敗をよく覚えている人ですね」

そして、この指摘をそのままに体現している人物が、さわかみグループの澤上篤人代表だ。筆者にこう述べていた。

「勝負を選ぶようになってからラクになりましたね。長期投資の中でも、勝てるところだけでやるんですよ。さわかみ投信を作るまで金融業界で三十年経験してきて、世界の機関投資家のあらゆる問題や限界を見てきました。だから、そうした問題が一切ないファンドを作ってやろうと。本物の長期運用ビジネスを展開するには、毎年の成績を追い求める年金や機関投資家を相手にしてはいけない。あくまでじっくりと自分の資産形成に取り組みたい個人に向けて、営業は一切せず実績でもって評価されるようなファンドを作ったんです」

他人の失敗をつぶさに観察することで、世界のどこにもないファンドを生み出していったというのだ。実際、十五年以上残り続けるファンドは百に一つといわれる世界の中で、

さわかみファンドは二十年以上継続して成果を出し続けている。

さらに、こうした「失敗の集積」を技術開発において体系化していったのが酒巻久氏でもあった。

「成功事例には運が伴うので、あてになりません。逆に失敗事例は参考になります。だから、失敗事例集を作れといって、会社で三万件くらい集めました。社内で全部読めるようになっているので、それを読めば新しい開発をしても失敗しないはずなんです。でも見ない人も多いんですね。これは経験と人間性の差です」

プロ野球の野村克也元監督が座右の銘にしていた、平戸藩主・松浦静山の名句、

「勝に不思議の勝あり。負に不思議の負なし」[17]

を思い起こさせる言葉だ。確かに、敵がいたり外部環境の影響が排除しきれない領域では、予想外の要素が入ってくるので、勝ちや成果をあげる道筋は一回きりのものになりやすい。一方、負けや失敗は、「こうすれば負ける／失敗する」という定番の型があり、それを踏んでしまうと、まずそういう結果が出る。だったら後者の事例を集めて戒めとし、不敗を守れるようにしておこう、というのは出るべくして出る発想なのだ。

17　『甲子夜話』松浦静山　東洋文庫　一九七七〜一九七八年

プロは成功の経験を覚えている

ここまで「他人の失敗」――「自分の失敗」ではなく――の方を強調しているのには理由がある。

自分からチャレンジして失敗の経験を重ねることは、己に足りないものを知り、実力を鍛え上げていく上で、もちろん必要不可欠なプロセスだ。人は試行錯誤によって成長する生き物なのだ。この意味では、チェスの世界チャンピオンだったカスパロフの、

> **自信をつけることと誤りを訂正されることの適切なバランスは、各個人が見つけなければならない。経験からいって、〝我慢できるうちは負けろ〟は優れた原則だ。（中略）勝つことは楽しく、連戦連勝が理想なのはたしかだが、進歩するには挫折が必要不可欠であると気づくことが大切だ。挫折を経験しておけば、大事な戦いでいきなり壊滅的な打撃を受ける可能性は小さくなる。**[18]

という指摘は、文字通り至言だろう。

しかし、こと「よりよい判断」に関していうと、自分がある程度以上の実力を備えた段階で、下手に酷い失敗の経験を重ねてしまうと、「判断の足かせ」「バイアス」になってし

まう場合がある。
二〇二一年にマスターズ優勝を果たした松山英樹氏が、次のように記している。

> ゴルフの一つひとつのショットは、自分に成功体験と失敗体験のどちらも積み重ねていく。失敗が増えれば恐怖心が芽生え、ゴルファーは自ずと堅実なチョイスをするようになる。
> だからこそ、自信に満ちた若さゆえの強さ、勢いは十分な武器になる。[19]

失敗の経験が積み重なると、良くも悪くも慎重になっていくというのだ。同じ観点から羽生棋士も次のように述べている。

> 経験を積んで選択肢が増えている分だけ、怖いとか、不安だとか、そういう気持ちも増してきている。考える材料が増えれば増えるほど「これと似たようなことを前に

18 『決定力を鍛える――チェス世界王者に学ぶ生き方の秘訣』ガルリ・カスパロフ 近藤隆文訳 NHK出版 二〇〇七年
19 『彼方への挑戦』松山英樹 徳間書店 二〇二一年

やって失敗してしまった」というマイナス面も大きく膨らんで自分の思考を縛ることになる。

そういうマイナス面に打ち勝てる理性、自分自身をコントロールする力を同時に成長させていかないと、経験を活かし切るのは難しくなってしまう。[20]

よく「他人の経験や失敗に学べる人こそ賢い」といった言い方がされる。その方がより幅広い知識や教訓が得られるから、という面はもちろんあるが、しかしそれ以上に他人の失敗の方が客観視できて教訓にしやすいのだ。逆に自分の失敗の蓄積は、下手をすると恐怖心や執着を呼び起こし、自分を縛るカセになってしまう。

とくに勝負事で「勢い」が重要なファクターになる場合、恐怖心や執着は「勢い」に無意識のブレーキをかけるもと、また、判断の歪みの元になりかねないのだ。

大森氏もこんな発言をしていた。

「恐怖のコントロールという意味では、プロは成功の経験を覚えている人で、アマチュアは失敗を覚えている人ですね」

失敗の経験を自分自身で積んでいくことは、成長の糧として非常に重要だが、こと勝負事に関していえば、他者の「失敗」を集積する方が、よりマイナス面が少ないといえるのかもしれない。もちろん、自分への教訓へと転化できる知性が、そこには必須なのだが。

20
『決断力』羽生善治　角川ONEテーマ21　二〇〇五年

第三章

幅広い知識と教養

①「己を知る」ために

チンパンジーにも劣る専門家

一章と二章で取り上げた「ある領域での長く深い経験」によって得た武器、つまり専門性は、領域が外部に開かれれば開かれるほど、通用しなくなってしまう面がある。それどころか、専門性を持った「専門家」だからこそ、素人よりも間違えてしまう、ということすら起こり得る。

いい例があるのでご紹介しよう。

ペンシルバニア大学経営学・心理学教授フィリップ・E・テトロックは、一九八〇年代半ばに二百八十四人の専門家を集めて、合計で二万八千件にも及ぶ政治的な予測をする実験を行った。予測すべき事柄は多岐にわたり、それぞれの専門家の専門領域であることもあれば、そうでない場合もあった。

そして結果が出るのを待ち、二十一年という長い時を経て、二〇〇五年に最終結果が出たのだが——

> 平均的な専門家の予測の精度は、チンパンジーが投げるダーツとだいたい同じくらいである。（中略）
> 専門家の政治予測の結果を見ると、被験者は統計的に明らかに異なる特徴を持つ二つのグループに分かれた。一つめのグループはデタラメな推測よりも結果が悪く、長期予測ではチンパンジーにも敗れた。二つめのグループはチンパンジーには勝ったが差はそれほど大きくなく、やはり自らの能力に対して謙虚になるべきと思われる理由がいくつもあった。たとえば「常に前回と同じ結果を予測する」あるいは「常に直前と同じ変化率が続くものとして予測する」といった単純なアルゴリズムと比べても、彼らの予測結果はわずかに良い程度だった。[1]

思わず「専門家への不信」を口にしたくなるような結果だが、政治のような開かれた領域での長期予測は、こうならざるを得ない面がある。チェスやポーカーなどの閉じた領域と違い、未知の攪乱要因が自由に政治には入ってくるし、ルールも変わっていく。長期予測は誰がやっても至難の業なのだ。

ただし、そうはいってもチンパンジーにすら勝てなくなる専門家たちがいるというのは、一体どうしたことなのだろう。

ここには専門家が立場上、持ちやすくなる欠点がかかわってくる。シカゴにあるロヨラ大学の心理学教授ヴィクトル・オッタティは、次のように指摘する。

専門家には、ある程度教条的で心の狭い態度を取る権利が、社会規範によって認められている。その結果、高い専門知識を持っていることを自覚すればするほど、ますます心の狭い認知スタイルが引き出されてくる[2]

さらに、トータルで五千億円以上を運用してきたファンドマネージャー藤原敬之氏も、こんな表現をしている。

株式運用者は自家撞着を起こして「株から世界を見て」「世界から株を見る」ことをしなくなります。[3]

もともと専門家とは、ある括られた専門領域内を深掘りし、それを武器とする人々だ。それは必然的に、ある枠内から導きだされた価値観や結論に縛られがちな傾向を生む。わかりやすくいえば「これは、こうあるべきなのに……」「本来こうなるはずなのに」と、狭い範囲の常識から口走ってしまうような形だ。しかも、下手にある領域の権威になればなるほど、自らの権威を崩しかねない変化を認めにくくなる。

内閣情報調査室長だった大森義夫氏は、かつてこんなことを述べていた。

「情報をやっている人間は、どんなモサドの幹部でも、自分の組織が正しいとはいわない。新たな情報によって、今までの仮説が崩れてしまうことは、情報をやっている人間な

1　『超予測力――不確実な時代の先を読む10カ条』フィリップ・E・テトロック&ダン・ガードナー　土方奈美訳　早川書房　二〇一六年
2　『柔軟的思考――困難を乗り越える独創的な脳』レナード・ムロディナウ　水谷淳訳　河出書房新社　二〇一九年
3　『日本人はなぜ株で損するのか？――5000億ファンド・マネージャーの京大講義』藤原敬之　文春新書　二〇一一年

ら誰しも経験しているからだ。情報はいくつかを突き合せないと確実に間違える。『われわれは知っている』みたいに言うのは信用ができない」

外部に開いた領域に真摯に向き合うなら、こうした態度にならざるを得ないのだ。ビジネスでいえば、業界の大変革期に、それに見合う知識と教養の幅がない人物が社長になっても、生き残りは難しい。また、グローバル化が進むなかで、自分の価値観だけに閉じこもっていても、まともな経営など出来ないのは明らかだろう。

「幅広い知識と教養」の四つの意味

筆者が取材した「勝負師」たちは、こうした意味で「幅広い知識と教養」を当然持っていた。では、それは「よりよい判断」「人にまさる判断」と、どう結びつくのだろうか。彼ら／彼女らの見識に照らすと、次の四つの切り口が存在していた。

① ある領域がどちらに進むかの「方向性の感覚」を養うもと
② 「自分は何に縛られているのか」を知るための「自己認識」のもと
③ 正解のない状況で、自分なりの答を出していくための「抽象化された知恵」の源泉
④ 「ひらめき」に必要な、ゆらぎの数や幅を支える「無意識の栄養」

このうち①の「方向性の感覚」は九〜十一章のテーマとそのまま重なるので、そちらで取り上げる。本章では②の「自己認識のもと」から取り上げていきたい。

最初に用語の確認をしておこう。「教養」という言葉にかんしては、さまざまな識者がその歴史的背景や意義などについて語っているが、一般的にいえば、

「ある文化的な価値観にもとづいた、人生を豊かにし、良く生きるための幅広い知識」

といった意味で使われている。本書はその中でも「リベラルアーツ」の原義に沿いつつ、その効用を考えていく。

「リベラルアーツ」とはギリシヤ・ローマからの歴史を持つ、いわば西欧の「教養」の伝統を意味する。大学でいえば一、二年次に必修になっている「一般教養」こそ、リベラルアーツの直訳になる。

いま大企業では、幹部研修の一環としてリベラルアーツを組み込んでいるところが多い。その先駆けとなった、ある企業の研修責任者に、

「なぜそもそもリベラルアーツ研修なんてやろうと思ったんですか。しかも、リベラルアーツという横文字の世界に中国古典まで入れて」

と尋ねたことがある。筆者もその企業から『論語』や中国古典の講義を依頼されていて、その意図を知りたかったのだ。すると——

「うちの社長は、以前こんなことを言っていました。海外で戦うためには、まず自分自身を知らなければ戦えない。日本人の文化や常識の一つになってきたのが『論語』や中国古典なので、自分自身を知るために学ぶ必要があるんだ、と」

　まさしく『孫子』の有名な言葉、「彼を知り、己を知れば、百戦して殆（あや）うからず」のような答えが返ってきたのだ。

　もう一つこんな例がある。筆者の『論語』の勉強会に、弁護士の荒井俊行氏が来ていたことがある。やはり不思議に思って、

「なぜ弁護士の方が、『論語』を勉強しようと思ったのですか」

と尋ねると、荒井弁護士はこう答えた。

「弁護士って法律で戦っていると思うかもしれませんが、法律って社会のエッジでしかないんです。ど真ん中には常識があって、まず常識でわれわれは戦っています。日本人の常識を作った一つが『論語』なので、学んでいるのです」

　もともとリベラルアーツという言葉には「リベラル」、つまり「自由」という言葉が含まれている。「教養」の中に「自由」が入り込む理由とは、ギリシヤ・ローマ以来の次のような考え方があるからだ。

「人は学べば自由になれる」

　いろいろな意味が含まれる言葉だが、一つには次のように解釈することができる。

「学ぶことによって、人は自分を無意識に縛るものを知り、そこから自由になったり、逆にそれを主体的に活用できるようになる」

中国古典、とくに『論語』や儒教系の教えというのは、江戸時代以来、日本人を無意識に縛る価値観となって、その常識を形作ってきた。仏教や神道なども同じ面を持つ。言葉を換えれば、自分が何かを感じ取ったり、判断するときに、どのようなバイアスを持っているのかを知るためにも、自らの文化や伝統が内包する価値観をまずは理解しておくべきなのだ。

こうした無意識の価値観は自分で気づくのが難しいが、「あなたはこんな価値観に縛られていますよ」と人から教えられれば、それを自覚し、客観視し、その強みと弱みを理解できるようになる。つまりそれを手段として主体的に活用できるようになるのだ。

たとえば太古の昔、物理法則――これも人が無意識に従っているものだが――など知らなくても、人々は普通に生活できた。しかし、自然を観察してそれを理解し、体系化し、主体的に活かす道筋から、科学技術が発達していったのが良い例だ。

『論語』でいえば、今まで自分たちが無意識に従っていた『論語』的な価値観や規範を理解して、同じものをもう一度選び直すこともできるし、ダメなところを直して新たに使うこともできる。全然別のものを選ぶこともできる。再選択できるようになるのだ。

これが「リベラル」、つまり「自由」の一つの意味でもある。

外部への通路としての教養

われわれに無意識に刷り込まれているのは、自国の文化や伝統からくる価値観ばかりではない。世界史的な見地でいうと、こんな切り口もある。

われわれの社会は近代以降、欧米由来の価値観にも、強い影響を受けてきた。たとえば——

「物事の本質を摑むべきだ」
「経済成長はいいことだ」
「新しいものこそ素晴しい」

もちろん個人によって受け取り方に差があるが、社会全体を見るなら、十九世紀以降に欧米が世界を席巻する中で、これらの価値観が当たり前だと受け止められるようになった。

しかし地域によっても違いがあるが、中世や古代においては、

「物事の急所は、全体のバランスの中で移り変わる」
「同じことの繰り返しがいい」
「過去の良きものを継承するのがいい」

といった価値観の方が重視されてきた。日本でいえば、江戸時代などまさしくその典型

だろう。西洋で近代的な価値観が生まれ、世界に変化をもたらした経緯や理由、実態については、歴史や哲学、文化人類学などから学ぶことができる。

この近代以降の価値観と、中世以前の価値観との対比から明らかなように、ある事象の持つ意味、そして強みや弱みを知りたければ、対照的な事象と比較することが極めて有効な手法になる。文化人類学には、

「あるものの構造は、他の構造との対比によって、初めてその意味がわかる」

という考え方があるが、まさしく同じことだ。

話が大きくなり過ぎてしまったので、身近な例をビジネスにとってみよう。

転職や、部署の異動を経験した方ならわかると思うが、新しい会社や部署に着任したての頃は、その組織の不合理やムダが目についたりする。既存のメンバーたちは、完全に慣れ切っていて、もう何も感じなくなっている。そして、しばらく経つと自分も慣れてきて、同じように何も感じなくなってしまう――。

また、ある会社が、徐々に斜陽化していって、実は危うい状態だったとする。そんなとき、最初に見切りをつけて辞めていくのは、営業の人たちだと言われている。営業の人たちは、外部との接触が多いので、マイナスの情報を手に入れやすいし、外部の視点で自社を他社と比べて、客観的に見やすいからなのだ。

「教養」を学んで、自分と異なる価値観や世界観を身につけることの一つの意味は、この

比喩でいえば、組織内の文化に馴染んでしまった自分を、もう一回強制的に外部の立場に寄せていくことに近い。「教養」とは、自分やその立ち位置を相対化し、俯瞰するための、外部への通路なのだ。

そして、「教養」を持つことで、「この業界や、それに染まった自分の常識は、実は世間での非常識になってしまったかも」「今までのやり方や直感は通用しないのではないか」といった気づきを得ることができる。和田洋一氏には、

「正しさには、教養が必要」

という言葉があるが、内部の価値観にズブズブになっている人には、これがとても難しい。

通用しなくなった既存の状況認識や、自分の直感を悟る力――これは裏を返せば、気づいていなかった自らの強みや機会を見いだす力――を身につけるためにも、幅広い教養は必要になってくる。そしてこうした意味での「教養」は、本などの活字ばかりでなく、他文化や他業界、異なる年代、異性など自分と異なる価値観や常識を持つ人々との触れ合いからも、多大に学べる性質を持つ。

第四章

幅広い知識と教養
②「自分なりの答」を作る道具として

引き出しの数の幅

「幅広い知識と教養」の三つ目の切り口は、「不透明な未来を切り開いていくための抽象化された知恵」だ。これを一章で取り上げた「ある領域での長く深い経験」と対比しつつ説明していこう。

「ある領域での長く深い経験」は、その領域が閉じていればいるほど有効になる。たとえば、大学なり高校なりの受験は、ほぼ閉じた領域（試験科目や試験方法などの枠は固定されている）であり、

①「直後の徹底した振り返り」↓　習ったこととの復習
②「プロセスの解析と改善への徹底したこだわり」↓　勉強法の効率化
③「定点観測」↓　定期テストによる実力の把握
④「失敗の集積」↓　引っかけ問題や、誰しも間違えやすい問題の対策

といった方法が、確かに合格のための王道になる。

ただし、受験といえども外部に開かれた部分もあって、たとえば他人との接触で風邪やインフルエンザにかかってしまって、受験できないといった悲劇も起こり得る。

しかし、そんなピンチを何とか乗り越えて良いブランド大学に入り、一念発起（いちねんほっき）して起業を考えたとする。MBAスクールに入って、起業のノウハウや、④の失敗しやすい事例を学んで、しっかり準備もした。しかしいざ起業してみると、学校では習っていないような難題に直面したり、予想外の出来事、世の中の潮流の変化に直面してしまったりする。さて、こんな時どうするか――

よく、受験勉強と違って、実社会では「答のない問題」に頭を捻らなければならないと言われるが、まさにそんな事例だ。

そこで「自分なりの答」を作る助けになってくれるのが、「幅広い知識」の一つの意味になる。

そもそも「答のない問題」、つまり学校では習っていないような難題、予想外の出来事、世の中の潮流の変化といったものも、抽象度をあげて歴史や他領域を探すなら、多くは似たような事例が存在している。

酒巻氏は、こう述べている。

> 何か起きたとき、過去の経験や蓄積した知識に照らして、さながら「指紋照合」でもするように、同じ事象や類似のケースを見つけ出し、解決に当たる――。**私は見抜く力の本質とは、これではないかと思う。**この作業は、言うまでもなく、その人の経験や知識の総量が多ければ多いほど容易になり、また精度も高くなる。だから、見抜く力をつけるには、豊富な経験や知識が必須になる。（前略）ただし、ここで言う知識とは、たんに書物などを丸暗記しただけのものではない。知識というものは、それを簡略化して、いつでも使えて、行動に移せる「知恵」にしてこそ意味がある。知識の本質を理解してこそ、知恵を身につけることができる。[4]

日本語には「引き出しが多い／少ない」という表現があるが、こうした「簡略化した知恵」、筆者なりに言い換えれば「抽象化された他領域の知恵」「自他の領域における歴史の知恵」が百なり二百なりの引き出しに収納されているなら、経験したことのない難題や局面でも、それに対応できる知恵や、いくつかの知恵の組み合わせを使って「自分なりの答」が導き出せる。しかし、これが三つや四つしかなければ、よほど運が良くない限り、対応できないだろう。

もちろん、こうした「引き出しの数の幅」を作る基は、本から学ぶ知識だけではなく、実社会や世間からの学びも含まれる。世知（せち）やStreet Smartと呼ばれるものだ。

東西の戦略書のバイブル

「抽象化された他領域の知恵」を実際に活かした例をいくつか見てみよう。

中国古典の中で、「引き出しの数の幅」として最も使われているのが兵法書の『孫子』だ。たとえば『孫子』には、

百回戦って百回勝ったとしてもそれは最善の策とはいえない。戦わないで敵を屈服

させることこそが最善の策なのだ（百戦百勝は善の善なるものに非ず。戦わずして人の兵を屈するは善の善なるものなり）[5]

相手を傷めつけず、無傷のまま味方にひきいれて、天下に覇をとなえる（必ず全きを以って天下に争う）[6]

といった言葉がある。ソフトバンクの創業者・孫正義氏は、これらの教えから次のような戦い方を汲み出した。

（孫子を）わかりやすく一言でいうならば、負ける戦はしないということ。勝つべくして勝つ。戦いというのはギャンブルではないということです。科学であり、理詰めだ、と。〝戦わずして勝つ〟というのが兵法の真骨頂なんです。

4　『見抜く力——リーダーは本質を見極めよ』酒巻久　朝日新聞出版　二〇一五年
5　『孫子』謀攻篇
6　『孫子』謀攻篇

M&Aというのはまさにそれですよ。[7]

そして、M&Aがまだ日本で本格化していない一九九〇年代後半に、M&Aの手法を多用してさまざまな領域で地歩を築いていった。

もともと『孫子』には、他の戦略書と違い「目の前の敵に勝てばいい」という切り口ばかりでなく、「負けなければいい」「戦わないのが最善」といった幅広い観点が含まれている。これが引き出しの数の幅に通じ、名経営者や勝負師たちに愛読されてきた経緯がある。

この点は、酒巻氏にもいい例がある。

酒巻氏は『孫子』と双璧といわれている戦略書『戦争論』をもとに、売り上げを伸ばした経験を持つ。『戦争論』とは、十九世紀初頭のヨーロッパで活躍したカール・フォン・クラウゼヴィッツが記した古典だ

酒巻氏は、一九九九年キヤノン電子の社長に就任、本社の秩父(ちちぶ)に赴任した。ここはキヤノン製品の営業所も兼ねていたが、その営業活動に『戦争論』を活かすことを考えたのだ。酒巻氏は高校時代から岩波文庫の『戦争論』(馬込健之助訳)を読み続け(実際にボロボロになった本を見せて頂いた)、そこから次のような方策を立てた。

「戦いでは、いかに戦いの場に多くの経営資源を投入し、それを持続できる支援部隊を作れるかがポイント」

「点で勝っていくことを続け、最後にそれを面に広げて勝つ（一点突破、全面展開）」

「目的達成のための教育を徹底的に施し、組織として勝てるようにする」

そして具体的には、地域をいくつかに分割し、まず営業資源をその内の一箇所に集中させた。さらに、工場にいた優秀な女性を、徹底した教育をほどこして営業に活用、成績の悪い人は工場にもどし、新たな人材を投入するというサイクルをまわし続けた。その上で、一箇所でシェアがあがれば、次の箇所に移るというのを繰り返していった。

この結果、秩父地域のシェアは、酒巻社長が就任した当時は一〇％台しかなかったのに対し、二年後にはなんと八〇％を超えるという成績を叩きだした。酒巻氏は、こんなことも述べていた。

「なんでそんなにアイデアが出るの、と聞かれることがありますが、わたしのアイデアではないんです。原理原則が書いてある古典をたくさん読んで、そこに書いてあることをそのまま実行しただけなんです」

酒巻氏のいた社長室には、壁一面に膨大な本が収納されているが、その知識を知恵に変えて、見事に仕事に活かし切っているのだ。


7『孫正義インターネット財閥経営――ビル・ゲイツを超える日』滝田誠一郎　実業之日本社　一九九九年

かけ離れた領域の知恵

孫氏や酒巻氏の活用した『孫子』や『戦争論』が扱う軍事の領域は、ビジネスと明らかに隣接している。

実際に「Strategy 戦略」「Tactics 戦術」「Division 師団／事業部」「Logistics 兵站／物流」など、主要なビジネス用語は軍事からの借り物でもある。だからこそ、軍事のアイデアはビジネスに比較的転用しやすいともいえる。

逆に、遠く離れた領域の知恵は、関係が疎遠になるほど、アイデアを借りてくるのが難しくなる。抽象度をあげたとしても、根底の構図が違いすぎて、なかなか当てはめ難くなるからだ。

ところが、本来かけ離れていたはずの領域の知恵を、やりようによっては、うまく結びつけられる場合がある。するとそこから生まれた選択肢やアイデアは、他者が真似しがたいほどユニークなものになる。

「幅広い知識と教養」は、この意味で「答のない問題」への選択肢の数を増やすだけでなく、

「いい意味で斜め上の、誰も発想し得ないような選択肢やアイデア」を生む原動力にもなるのだ。

このいい例が、金融工学にある。

ヘッジファンドのルネサンス・テクノロジーズは、一九七八年の創立以来（最初の名前はモネメトリクス）驚くべき成功を収め続けているが、特徴的なことの一つに、軍の暗号解読者や、音声認識技術者などを積極的に採用している事実がある。

暗号解読者と音声認識技術者という金融とはかけ離れた二者に共通するのは、一見ランダムやカオスに見える事象からパターンを見つけ出すこと。それが「市場の動きにパターンを見つけること」に応用され、成果に結びついているのだ。

さらにユニークなのが、高圧タンクの破裂や、大地震の発生のような大規模な破壊に至る臨界現象を研究していた研究者が、そのパターンを金融市場に応用したという例。つまり、臨界の前兆現象のパターンが、金融の株価暴落の前兆のパターンと類似していることに気づき、実際いくつも暴落を当てていった。

もう少し身近な例にも、こんなのがある。

『経営がみえる会計』や『会計の世界史』などのベストセラーを持つ会計士の田中靖浩氏は、難解な会計の概念を、どうわかりやすく説明するかに頭を悩ませていた時期があった。

そんなときに偶然、好きな落語を聞きに行くと、「抜け雀」という演目をやっていた。なんとその噺（はなし）が、会計の難しい概念を見事に説明できるストーリーを持っていたのだ。抽象度を上げれば、まさしく過去の事例にヒントが存在したのだ。そこで田中氏は、楽屋を訪ねて噺家の人に「一緒にジョイント・イベントをやりましょう」と持ち掛けた――

普通では絶対に考えつかないであろう「会計×落語」というコラボが、ここに誕生したのだ。中小企業の社長には落語好きの人も多く、「落語も聞けるし、会計も落語で勉強できるし、これはいい」とイベントは大盛況。

田中氏は最近では、こうしたコラボを他ジャンルにも推し進めて、「会計史×美術史・音楽」を掛け合わせたベストセラーも上梓するに至っている。

金融工学と田中氏、まず両者に共通するのは、抽象化したアイデアを借りてきたこと。「市場が見せるパターン抽出と、暗号や音声からのパターン抽出を重ね合わせる」「説明しにくい構造を持つ概念を、同じ構造を持つストーリーと重ね合わせる」いずれも、抽象度を上げて考えるからこそ可能な結びつきだ。

さらに、よく「異質なモノ同士を結びつけると新たなアイデアが出てくる」と言われたりするが、単に異質なモノを結びつけても、基本的にはクズしか生まれない。もし、かけ離れた領域の知恵をうまく結びつけたいなら、当人がどのような「価値観」で結びつけようとしているのかが問われてくる。

ビジネスでいえば、「その結びつきによって、お客様にどういう〝良い言葉〟を言わせたいのか」と考えると、「価値観」の意味がわかりやすくなる。

たとえば田中氏の場合、「わかりやすい」「面白い」と読者や聴衆に言わせたいとの思いがあった。だからこそ、会計と落語や、会計と美術や音楽をうまく結びつけられたのだ。

酒巻久氏の場合——さらに言えば、多くの良き技術者——は、「困っている問題が解決できた、ありがとう」と顧客に言われるのを良しとする価値観がある。だからこそ、売れる技術開発に繋がっていった。

抽象度をあげたアイデアと、それを結びつける根底の価値観——この二つが揃ってこそ、遠いジャンルの知恵もうまく結びついていくのだ。

第五章

幅広い知識と教養

③「無意識のゆらぎ」のために

無意識のコミュニケーション

このI部のテーマである「幅広い教養」の中には、文学や音楽、バレエ、オペラ、演劇、ダンス、絵画、映画などの芸術やエンターテインメントも含まれる。学ぶというより、味わい、体験し、実践するという方が正確かもしれない。

では、これらの体験が「よりよい判断」に繋がるのかといえば、実は間接的に繋がってくる。この繋がりこそ、④の、「ひらめきに必要な、ゆらぎの数や幅を作る『無意識の栄養』」の意味でもあるのだ。

「よりよい判断」に結び付く脳のメカニズムの一つに、「ひらめき」がある。待ち望んでいた新しいアイデアや、悩んでいた問題に対する解決法が「ひらめいた！」というときの、脳の働きだ。難解な問題を解いたり、答のない状況で解決策を見出していくのに、この脳の機序はとりわけ必要になってくる。

この「ひらめき」が起こる前に、脳の内部で何が起こっているのかを、認知科学者の鈴木宏昭氏が描いた一文がある。

意識の上にのぼったものだけが私たちの思考を支配しているわけではない。意識の上にのぼらなかったリソースも、そのアウトプットを身体を通して暗黙のうちに表現する。さらに、意識化できない思考は陰でさまざまなはたらきをし、ゆらぎを与えながらひらめきをもたらす準備をしてくれる。

そして、このゆらぎこそが、次の段階の思考へと、あるいはひらめきへと私たちを導いてくれるのである。発達においても洞察においても、ゆらぎの多い人たちは次の

レベルの思考への変化が行われる一方、一貫したやり方しか使わない人たちは一つの場所にとどまり、その先へ進むことはない。多様な認知リソースが文脈と相互作用し、ゆらぐ中で思考が営まれ、発展するのである。[8]

何かがひらめく前に、意識化できない思考が、無意識の中でゆらいでいるというのだ。そして、このゆらぎの数が多いほど、われわれの思考は、新たなひらめきを獲得しやすくなる。

この無意識のゆらぎの幅や回数に深くかかわるのが、芸術系、エンターテインメント系の体験なのだ。生物学者であり思想家のグレゴリー・ベイトソンに、こんな指摘がある。

芸術とは、われわれの無意識の層を伝え合うエクササイズである[9]

そう、芸術には、無意識のコミュニケーションという側面がある。心揺さぶる音楽を聞いて涙が頬を伝う、美術館で本物の名画を鑑賞して得も言われぬ感情にひたる――いずれも、芸術作品とわれわれの精神が、無意識レベルで交感しているからこそ起こる現象だ。意識レベルでも、尊敬すべき人との会話や交流は、意識を活発化し、刺激を与えてくれる。芸術系の場合、無意識の範疇で似たようなことが起こっているわけだ。

こうした無意識のコミュニケーションが引き起こす、脳への刺激や揺さぶりこそ、「無意識への栄養」に他ならない。無意識の中で思考がゆらぐ数や幅のもとを作り、脳を良きひらめきへと導いてくれる。だからこそ、こんな指摘がある。

ミシガン州立大学のある研究チームは、ノーベル賞を受賞した科学者と、同時代のその他の科学者を比較した。結果、ノーベル賞を受賞した科学者は、その他の科学者に比べて楽器を演奏する者が2倍多いことがわかった。さらに絵を描くか彫刻をする者は7倍、詩か戯曲か一般向けの本を書く者は12倍、アマチュア演劇かダンスかマジックをする者は22倍多かった。[10]

こうした事実を踏まえ、酒巻氏のいるキヤノン電子東京本社には、いくつもの超一流の

8 『教養としての認知科学』鈴木宏昭　東京大学出版会　二〇一六年
9 『精神の生態学』グレゴリー・ベイトソン　佐藤良明訳　新思索社　二〇〇〇年
10 『多様性の科学――画一的で凋落する組織、複数の視点で問題を解決する組織』マシュー・サイド　ディスカヴァー・トゥエンティワン　二〇二一年

手になる本物の絵が飾られている。それはスノッブな心性からではなく、脳の創造性を刺激する効果を期待してのものなのだ。

教養の落とし穴

ただし、こうした「教養」には、取扱い注意の側面もある。

世界銀行に勤めた経験のある中川ワインの中川誠一郎社長は、かつてこんなことを述べていた。

「国際会議後のパーティーなどで、ワインやオペラなどの知識は、面識のない相手とコミュニケーションをとるための、便利な道具になります。共通の話題がなくても、今飲んでいるワインについて話せば、会話の糸口になるからです。それに、ピアノも弾ければ最高ですね」

そう、教養とは社交のための強力な手段でもあるのだ。

一方で、東レの経営研究所の社長などを歴任した佐々木常夫氏には、こんな指摘がある。

リーダーに必要とされる教養とは、あくまで成果につながる教養でなくてはならない（中略）「多読家に仕事のできる人間はいない」というのが私の長年の持論です。[11]

確かに「教養」というのは、表面上の知識だけを仕入れても、仕事には直接的に関わらないものも多い。このため漫然と字面だけを学んで、重要なパーティーなどでの会話に活かせたとしても、仕事の成果という意味では、佐々木氏の指摘のように「物知りだけど、仕事のできない人」で終わりかねない。

もちろん「教養」には、それ自体が知的好奇心を満たし、人生を豊かにし、意味づけてくれるという重要な側面がある。それはそれで素晴らしいことなのだが、同時に、表面上の知識の多さは行動の迅速さを妨げたり、人によっては教養のない上司や部下、同僚を見下して、チームワークや人間関係に齟齬（そご）をきたす元凶になったりする。

実は、これには無理からぬところがある。歴史的に「教養」とは、特権クラスとそれ以外とを分けるための指標として使われてきた面があるからだ。

西洋でいえば、リベラルアーツには、「奴隷ではなく自由人として生きるための知識」という大本の意味がある。一方、中国でも伝統的なエリート層を、「漢字マフィア」と呼ぶ学者がいたりする。漢字や中国古典の知識が、特権階級であることの指標として働いて

11　『人生の教養』佐々木常夫　ポプラ新書　二〇一八年

きた、というのだ。こうした選別の指標としての教養は、今でもとくにヨーロッパの上流階級には残り続けている。

もちろん、それがダメという話ではないが、少なくとも「よりよい判断」とは方向性が重ならない。

言葉を換えれば、自己目的化したり、自己満足のための幅広い知識と教養では、成果をあげるための糧にはなり得ない。

「よりよい判断」の良き手段とするためには、「どう教養を手段として活かすか」「教養で何を実現したいか」という問題意識と実践が、その根底に必須となる。

自分の勝てる領域で勝つ

さて、ここまでI部を通じて、「勝負師」たちの土台となる「長く深い経験」と「幅広い知識と教養」について見てきた。最後にこの二つの必要性を、やや違った切り口から考えてみたい。

和田氏は、大企業の経営を担う人材について、こう述べていた。

「経営の実務をやるときに重要なのは、どの高度の解像度が高いかということ。たとえば虫の目で見ることができる、五メートルの高さで見ることができる、百メートル、一万メートル、人工衛星……。

経営者の能力は、解像度の高い領域が広い人。人工衛星の解像度もあるし、アリの解像度もあるし、というのが理想だけど、そういう人はまずいないですね。

会社というのは、地上百メートルくらいまでの解像度が綿密にできていれば廻る。すぐれた会社はもうちょっと上まで行ける奴。ビジョニストはもっと高いところにいる奴ですよ。

問題は、全部のレイヤーに解像度が高い奴を揃えていることが重要。揃える場合は下から揃える。でないとビジネスが廻らないから。上だけしかないとただの評論家。三人くらいで人工衛星から虫までいけると相当ハッピー。そして間違った人を選んだとき、すぐに変えられるシステムが必要」

この指摘にある、虫の目や五メートルの高さの解像度は、現場での「長く深い経験」をきちんと積んでいけば、レベルは種々あるにせよ、多くの人が身につけられるはずのものだ。

一方で、「経営者の能力は、解像度の高い領域が広い人」とあるように、より大きなことをしたければ、見える領域を広げていく必要がある。このために必須なのが、本人の資質とともに、「幅広い知識と教養」に他ならない。

しかし、これは人によって得意不得意が出やすいともいえる。虫の目でコツコツ業績を積み上げるのが得意な人もいれば、人工衛星に乗っている方が力を発揮する人もいるのだ。だから、大きな組織では、複数の人間で領域を分かち合ってカバーするという発想が出てくる。

一章で触れたように、デジタル化やグローバル化の影響もあって、いま色々な領域が外部に開かざるを得なくなっている。このため広い意味では、一万メートルや人工衛星の解像度の重要性が確実に増している。

しかし、「三人くらいで人工衛星から虫までいけると相当ハッピー」「揃える場合は下から」とあるように、大きな組織になるほど、虫の目や五メートル、百メートルの高さの解像度に熟達した人材が確実に必要なのだ。また、ビジネスや社会には、外部からの影響を受けにくい比較的閉じた領域もまだまだ数多く存在している。

もし自分が「長く深い経験」によって熟達するのに明らかに向いていると思えば、それが通用する所で力を発揮するのも、有力な選択肢になるのだろう。自分の勝てる領域で勝つ、というのが「勝負師」の一つの条件でもあるのだから。

II部

敵やライバルなんて、本当に存在するのか

第六章

「競」と「争」の織りなす世界

「勝負の神」に近づくために

前章まで「勝負師」たちに前提として共通する、

Ⅰ　あるジャンルでの長く深い経験
Ⅱ　幅広い知識と教養

について取り上げてきた。この二つは、建築物でいえば土台にあたる部分だ。ここがきっちり固まっていないと、上の建造物は歪んでしまう。この土台の上に、「勝負師」たちは成果をあげるための各種各様の建物を建てていくわけだが、どの建物にも例外なく必要となる三つの柱が存在する。

「勝負の神」という概念を使って、これを考えてみよう。

あらゆる勝負事に結果を出し、複雑きわまりない状況でも最善の手が打てる「勝負の神」に、もし近づこうと思うなら、一体どのような能力が必要になるのだろう。

兵法書の『孫子』には、こんな言葉がある。

明君賢将が、戦えば必ず敵を破ってはなばなしい成功をおさめるのは、相手に先んじて敵情をさぐり出すからである（明君賢将の動きて人に勝ち、成功、衆に出づる所以のものは、先知なり）[1]

確かに勝負事において、こちらだけが敵やライバルの意図や作戦、弱みなどを知っていれば、これほど有利なことはないだろう。ポーカーや麻雀でいえば、ズルして自分だけが

1　『孫子』用間篇

相手の手を知っているようなもの。これなら勝負には必ず勝てる。その意味では、「敵やライバルを知る」ことが「勝負の神」に近づく第一歩になる。これが立てるべき一本目の柱。

ただし、これが当てはまるのは明白な敵やライバルがいる場合だ。少し話を広げて、ビジネスや人生のように、必ずしも敵やライバルがいない状況では、何を手に入れれば最も成果に直結しやすくなるだろう。実現できるか否かを脇におけば、「正確な先の見通し」が筆頭にあがるだろう。ビジネスでいえば、自分だけがタイムマシンを持っていて、業界の先行きを正確に把握して手を打てるなら、業績がよくなるのは当然のことだ。

もちろん人の身で、正確な未来予測など不可能事でしかない。しかし、全体の大きな流れや文脈を理解したうえで、ある程度の方向性や幅を摑むことなら、やり様によっては可能なのだ。『孫子』には、こんな言葉もある。

天の時と地の利を知るならば、常に勝利はものにできる（天を知り地を知れば、勝、すなわち窮まらず[2]）

ここに出てくる「天の時」とは、物事の流れやタイミングのこと。また「地の利」とは、周囲の物理的環境と、その強みと弱みのことだ。この、「全体の大きな流れや文脈（天の時）、環境を知る（地の利）」ことが、現状や先行きを読む上では、やはり重要な要素になる。これが立てるべき二本目の柱。

自分を生きていても、自分のことはわからない

ただしそうは言っても、われわれ人間は、残念ながら神ではない。人間ゆえの弱さに足をとられて、しばしば「よりよい判断」ができなくなってしまう。とくに自分を過大評価したり、自分自身を見失ってしまうのは、負けや没落への道といって良いだろう。やはり『孫子』には、よく知られたこんな言葉がある。

彼を知り、己を知るならば、絶対に敗れる気づかいはない（彼を知り、己を知れば、百戦して殆うからず）[3]

2 『孫子』地形篇

そう、神ならぬ人間の場合、「敵やライバルを知る」ことと共に、「自分を知る」ことが「人にまさる判断」のためには必須になる。これが立てるべき三本目の柱。

ちなみに、「自分を知る」ことの難しさを指摘した言葉は、古今東西に存在している。まずは中国古典の『老子』。

人を知る者はせいぜい智者のレベルに過ぎない。自分を知る者こそ明知の人である（人を知る者は、智なり。自ら知る者は、明なり）[4]

さらには、経営学者のピーター・ドラッカー。

誰でも、自らの強みについてはよくわかっていると思っている。だが、たいていは間違っている。わかっているのは、せいぜい弱みである。それさえ間違っていることが多い。[5]

確かに他人は客観視できるが、自分を客観視するのはとても難しい。人は自分自身を生きているからといって、自分を理解しているとは限らないのだ。

ただし筆者は、そうはいっても、長らくこれを疑ってきた。やはり自分自身のことは、自分が一番わかっているのではないか、と。

ところが、有力な反証があらわれたのだ。

筆者の友人が、ある大企業の人事の総責任者になった。現場からいきなり人事畑に行ったので、友人は、数万人いる社員の自己評価と上司評価、すべて目を通したそうだ。

その結果わかったのは、自己評価と上司評価が一致した社員は一人もいなかった、という事実。全員、自己評価の方が高かったのだ。その友人は、こう述べていた。

「やはり中国古典って学んだ方がいいと思います。謙虚になれって教えがたくさん出てきますからね。人ってやはり自分を見誤ってしまうということがよくわかりました」

心理学の実験でも、ある設問に対して「この答には自信がある」と述べたときの被験者

3　『孫子』謀攻篇
4　『老子』三十三章
5　『プロフェッショナルの条件――いかに成果をあげ、成長するか』Ｐ・Ｆ・ドラッカー　上田惇生編訳　ダイヤモンド社　二〇〇〇年

の確信度は、かなり高めに見積もられていた。

Lichtenstein et al.（1982）は、確率判断の調整に関する研究についての展望論文の中で、人々が100%の確信があると答えた質問ではわずか約80%しか正確ではないこと、90%の質問では75%であることなどを報告した。[6]

「よりよい判断」という観点からすれば、自分自身やその判断への過大評価は、判断を狂わす元凶になる。とくに軍事においては、いらぬ過信で討ち死にした将軍や武将は、歴史的に引きも切らない。しかもこうした過信は、「自分のことは自分が一番わかっている」と自称する人に限って、陥りやすいワナでもある。

「勝負師」たちは、その活動する領域によって濃淡はかなり変わるが、ここまで取り上げた、

① 敵やライバルを知る
② 全体の流れや文脈（天の時）、環境を知る（地の利）
③ 自分を知る

という努力を、他人より巧みに続け得たもの、と言うことが出来るのだ。この三つの力を持つためのメカニズムや、持ち方について、ここから具体的に見ていく。

「競争」の二つの意味

まずは「敵やライバルを知る」について。

広く現実社会まで視野に含めて考えると、たとえ熾烈な競争下にあっても、はっきりした敵やライバルがいる場合もあれば、いない場合もある。時には存在が曖昧だったりする。こうなる理由には、本書にとっての重要な論点が含まれるので、最初に触れておこう。

実は、敵やライバルの有無にかかわってくるのが「競争」という単語が持つ二つの相反する意味なのだ。この点は、面白いことに「競」と「争」という漢字の字形がその特徴を体現している。「競争」という単語は中国由来ではなく、江戸時代の末期に「Competition」の訳語として福沢諭吉が造語した。彼の自伝にこんな逸話が残されている。

私がチェーンバーの経済論を一冊持っていて、何か話のついでに御勘定方の有力な人、即ち今で申せば大蔵省中の重要の職にいる人に、その経済書のことを語ると、大

6 『思考と推論——理性・判断・意思決定の心理学』K．マンクテロウ　服部雅史監訳　山祐嗣監訳　北大路書房　二〇一五年

層悦んで、ドウカ目録だけでも宜いから是非見たいと所望するから、早速翻訳する中に、コンペチションという原語に出遭い、色々考えた末、競争という訳字を造り出してこれに当てはめ、前後二十条ばかりの目録を翻訳してこれを見せたところが、その人がこれを見て頻りに感心していたようだが、「イヤここに争という字がある、ドウもこれが穏やかでない、ドンナことであるか」

幕府の勘定方役人が問い質したように、「競」と「争」とは全く違った内容を持つ漢字であった。

まず「競」とは、冠（立）を被った人（兄）が、二人でカケッコしている姿だといわれている。競う対象が外部の基準にあり、順番競争になりやすいのが特徴だ。複数の同時優勝もあり得る。

具体例を示すと、百メートル走、マラソン、水泳競技、ゴルフ、受験、コンクール、各種コンテスト、企業の研究開発、パイが広げられる競争などが「競」に入る。

一方の「争」は、一本の棒を二人が手で奪い合っている姿が原字になる。どちらかが勝てば、必ず逆は負けるトレードオフの状況だ。場合によっては、両者共倒れもあり得る。

具体例でいえば、戦争、ボクシング、レスリング、将棋、囲碁、チェス、訴訟、枠の決まった中でのパイの取り合いなどがこれにあたる。

「競」の方が競う対象は、タイムやスコア、テストの点数、審査員や第三者の評価などの外部基準なので、自分が望む成果をあげられるかどうかは、あくまで自分自身のパフォーマンスにかかってくる。敵を倒す必要はない、もしくは敵自体存在しない。いるとしても「よきライバル」という言葉もあるように、自分を向上させるためのライバルやベンチマークという位置づけになる。

一方の「争」では、敵を倒さない限り勝利は手にできない。つまり、物理的、ルール的に倒すべき敵がいて、お互いの打ち手や意図への妨害が、ルールの範囲内で認められている場合も多い。つまり、敵やライバルに対する戦略やかけひきが必要になってくる。幕府の役人が「穏やかでない」と述べたように、「争」の意味はより血なまぐさい。

戦争はあなたに興味がある

もちろん「競」と「争」は、多くの領域で混在していて、きれいに分離できるわけではない。ゲームやスポーツを始めとして、ビジネス、交渉事、選挙、裁判、組織の人間関係

7『新訂　福翁自伝』福沢諭吉　富田正文校訂　岩波文庫　一九三七年

などみなそうだ。

また、人の価値観によってその濃淡も変わる。「人生、勝ちか負けかだ（争）」という人もいれば、「自分の成長が一番（競）」という人もいる。「協調こそ大事（和）」という人も少なくない。このため、状況や人に応じて敵やライバルといった存在がくっきりと浮き彫りになる場合もあれば、背景に姿を隠して見えにくくなる場合もある。

たとえば、ビジネスにこんな例がある。

お客様と厚い信頼関係を築いて商売してきた、ある老舗企業があった。商売の形としてはごく真っ当だと思うのだが、いきなりライバル企業からＭ＆Ａを仕掛けられて、うまく対処できずに乗っ取られてしまった。「競」の世界観で地道に商売してきたのに、いきなり「争」を仕掛けられ、飲み込まれてしまったのだ。

ゴルフにもいい例がある。よりよいスコアを目指すという意味で、ゴルフは「競」の典型ともいえる。ところが、まだ三歳だったタイガー・ウッズに、父親のアール・ウッズはこんな教育を施した。

▶アールがタイガーに施したメンタルなレッスンの中には、勝つためなら手段を選ばない、いわゆる〝ダーティー〟な対戦相手を想定したものもある。（中略）例えばタイガーがスイングに入るか入らないかの時に「ボールを池に打ち込むな！」と声に出し

て言ってみたり、スイング中にわざと咳き込んでみたり、あるいは、まさに打とうとするボールの前に別のボールを落としてみたりした。ある時はタイガーがインパクトを迎える瞬間にキャディ・バッグを倒して大きな音を立ててみたり、パッティングの時にカラスの鳴きマネをした。[8]

争いを仕掛けられた局面を想定した教育が、幼児のときから施されていたのだ。

この二つの例からわかるように、ゲームやスポーツ、実社会のような「競」と「争」の両面がつきまとう領域で、「争」への備えを下手に疎かにしてしまうと、時として致命傷を負うことがある。革命家のトロツキーに、

「あなたは戦争に興味がないかも知れないが、戦争はあなたに興味がある」

という有名な格言があるが、「争」が表面に出て来ないからといって、潜在的な敵やライバルまで消えてくれたわけではないのだ。とくにライバルの数がごく少数まで絞られてくると、「争」の側面は出やすくなる。


8『タイガー・ウッズの強い思考――常勝アスリートに学ぶ頭と心の使い方』ジョン・アンドリサーニ　小林裕明訳　日経BP　二〇〇四年

一章で羽生棋士が、「何が最善の手だったのか」「将棋の全貌の解明」を目指しているという話に触れたが、これは「競」に比重を置いたやり方と言い換えることができる。極端な話、自分が成長し続けて、最善の手を打ち続けられるようになれば、対局には勝てる、ないしは負けないからだ。

しかし、羽生棋士があまりに強かったため、同時代の棋士たちの中には、限られた相手、限られたタイトルに限定した形で、一瞬の争いを制する方に比重を置き——どの棋士ももちろん両面持っているので、あくまで比重として——実際に成果をあげた棋士も出た。名人戦や対羽生戦に比重を置いた森内俊之棋士（十八世名人）や、竜王戦に比重を置いた渡辺明棋士（永世竜王）が将棋での端的な例だ。これは「争」に比重を置いたやり方といって良いだろう。

さらに、ビジネスや実社会では、熾烈（しれつ）な「争」が予想される局面になると、逆に反動がおこる場合もある。つまり、回避のための談合、手打ち、均衡維持などの手段が頻出するのだ。下手に「争」に突入すると自分の利得が減ったり、共倒れになるからだ。これは国際社会からビジネス、ヤクザの世界まで普通に見られる現象だ。

敵が見えにくいビジネス、見えやすい人間関係

さらに、「競」と「争」という対照は、一章で取り上げた「閉じた領域」と「開いた領域」の違いとも重なり合ってくる。

そもそも現実社会で「争」が勃発するのは、お互いがトレードオフ――あっち立てれば、こっち立たずの状況であると信じる対象や領域においてだ。また多くの場合、限定された国際関係や組織間、人間関係の中でそれは生じる。裏を返せば、関係や価値観が多様になり、トレードオフが解消されれば「争」はゲームやスポーツ以外で存在する必要がなくなるということだ。

一章でも触れたように、グローバル化やデジタル化の影響で、現代はいろいろな領域が外部に開かざるを得なくなっている。こうした点を踏まえて、和田洋一氏は次のように述べていた。

「戦争だと勝つというシンプルな目標があるし、酒巻さんのモノ作りにも目標がある。唯一の解があるから、逆にライバルもいる。収斂していく解のレールの上にいるのがライバル。今は事業の多様化が進んでいて、何がライバルかわかりにくい。最適解が自明ではなく、色々な人が多様に共存し得る社会。今はライバルを置くのが難しい」

実際、ＩＴ系の企業では、せまい領域でもオンリーワンになれば高収益が望めるため、

なるべくライバルがいない領域を探そうとするし、どうやったらユニークになれるかを考える、と和田氏は語っていた。

また、グローバル化した大企業を見ても、国内では競合だが、海外では提携先といった他社との関係も珍しくない。一概には言えなくなるのだ。

しかし一方で、閉じた領域であれば、狭い世界の中で「争」は当たり前のように勃発し、輪郭のはっきりした敵やライバルが立ち現れてくる。その典型の一つが人間関係。

キヤノン電子の酒巻久氏が、こう述べていた。

「何か新しいものを為しとげるということは、どうしても敵を作ることになってしまう。必ず反対する人が出てくるからだ。だからアメリカでもそういう人はなかなか社長になれません」

確かに新規事業や社内改革などをめぐって、会社内の重役や派閥同士が泥沼の抗争を起こすといった事例は日常茶飯事だ。また、筆者がある勉強会で「今どきの、やるかやられるかの敵対関係ってどういうものでしょう」と質問をしたときの答も、「離婚で係争中の夫婦」「いがみあう上司と部下」「ネットで悪口書いてくる奴」や「小選挙区の候補者」といったものだった。

つまり、競争の質にもレイヤーがあるということなのだ。その中で、潜在的なものも含めた敵やライバルの存否や濃淡を、見定める必要がある。

第七章 敵やライバルを知るために

情報の九五％は公刊の資料から入手できる

容易に正体を摑ませてくれない敵やライバルを実際に捉えるためには、どのような資質やプロセスが必要になるのか。

まず広く情報収集という観点で、すべての基本になるのが次の指摘だ。

「情報の九五％は公刊の資料から入手できます」

これは大森義夫氏が、ＣＩＡ長官の言葉を下敷きに述べた発言だ。情報が公に手に入れやすい政府や政治家、公的機関が対象だからの話だが、他の事象でも同じこと。まずは通常のソースを使って集められるだけの情報を集め、全体像を組み立てていくのがインテリジェンス活動の基本となる。

個人レベルで考えても、ネットやＳＮＳを丹念に調べていくと、知りたい相手の情報はそれなりに収集可能だったりする。それが、良くも悪くも現代という時代の特徴なのだろう。

ビジネスの交渉でも、酒巻氏はこう述べている。

> （交渉事では）事前にしっかり準備をして、たくさん情報を集めたほうが必ず勝つ。だから、こっちのほうが「情報が多い」と確信できないうちは交渉のテーブルについてはいけない。交渉の席に臨（のぞ）むのは、事前の情報戦に勝利し、「勝てる」と確信できたときだ。
>
> そこで交渉に当たっては、徹底的に相手の情報を調べ上げる。日本ではあまりやらないが、海外では交渉事に興信所を使うのは当たり前である。そして、相手方の担当者について家族構成、出身大学、経歴、宗教、人脈などを徹底的に調べ上げる。[9]

また敵やライバルを、広く利害関係のある相手と拡大して捉えるなら、ビジネスにおける顧客もその範疇に入るだろう。住友生命社長だった上山保彦の述懐だ。

> 当社の営業職員で、二十数年に亘って全国一の業績をあげているS職員がいます。この人は、営業開始前の準備に、特に意を払っています。取引先の経歴、家族状況、縁者、趣味、秘書、守衛、競争相手の動きなど、幅広く知って、行動の万全を期します。その上で、訪問の前夜、セールスの進め方、話法を紙に書いて練習をします。これを実に、三十年に亘って続けているのです。[10]

徹底的に相手を知ることで、その趣味嗜好から親密になるきっかけを摑んだり、逆に触れてはいけない話題を避けたりしているわけだ。この観点から浮かび上がる「勝負師」の条件とは、あまりにもベタな話だが、「努力と根性」に他ならない。

さらに一つここに付け加えるなら、『孫子』に、

9 『朝イチでメールは読むな！――仕事ができる人に変わる41の習慣』酒巻久　朝日新書　二〇一〇年
10 『管理者の「孫子」』上山保彦　非売品　一九九二年

戦争は数年も続くが、最後の勝利はたった一日で決するのである。それなのに、爵禄や金銭を出し惜しんで、敵側の情報収集を怠るのは、バカげた話だ（相守ること数年、以って一日の勝を争う。而るに爵禄百金を愛みて敵の情を知らざる者は、不仁の至りなり）[11]

という言葉もあるように、手間暇とともに、お金も惜しまないということだろうか。

楽しさと、明るさと

事前の下調べとともに、実際の相手の動きや表情などからも、多くの情報を読み取ることができる。

サッカーにおいて、日本代表国際Ａマッチ出場数最多記録など多くのレコードを持つ遠藤保仁氏は、こう記している。

たとえば、守備のときは、相手の足の動き。どちらの足に体重がかかっているかを見れば、どっちにドリブルをするのか見当がつく。また、蹴るときの軸足がどちらを向いているか、あるいは足の振り方などを観察していれば、どの方向にボールを蹴ろ

うとしているのかだいたいわかる。これらの要素をヒントに先読みして動き出せば、ボールを奪える可能性は高まるというわけだ。

ちなみに、相手の動きから情報を得るとき、ボールに目線を合わせることはない。どこにボールがあるか何となく認識できれば十分だし、ボールを動かすのはあくまで足だ。選手が触れることなく、ボールが勝手な方向に動くことはない。[12]

表層的なボールの動きではなく、それを動かす本質としての、人の足の動きを見る、という点が示唆深い指摘だ。

さらに相手の情報を直接、口頭で入手できる場合もある。たとえ敵対的だったり、ライバル同士であったとしても、一般的にはコミュニケーションがとれる場合も多いからだ。

ＴＰＰ（環太平洋パートナーシップ協定）の交渉官として活躍した人物が、こう述べていた。

「相手も交渉をまとめたがっているので、相手との会話のなかで、手を変え品を変えいろいろな方面から聞いていく中で、相手の事情を推測していきます。情報を引き出すには、

11　『孫子』用間篇
12　『「一瞬で決断できる」シンプル思考』遠藤保仁　ＫＡＤＯＫＡＷＡ　二〇一七年

相手と楽しく会話するのが大事ですね」

　まず相手を楽しい気分にして、気持ちよく話してもらう。さらに、一つひとつは浅い内容だとしても、「手を変え品を変えいろいろな方面」から集めた答をうまく組み合わせることによって、相手の見せたくない事情を推察できるというのだ。

　ＣＩＡなどの諜報機関では、このやり方をもう少しひねって使う。

　たとえば、ある施設について知りたいとき、知りたい情報を細切れにして、ある人にはＡという情報、別の人からはＢという情報、さらに別の人には……という形で聞き出していく。最後にそれらをまとめて分析し、必要な全体像を手に入れるのだ。聞かれた側としては、たいしたことを聞かれていないし、一つだけなのでと軽く考えて答えてしまうのがポイントだ。

　また、相手から情報を引き出したいなら、聞き上手であることはもちろん、自分もある程度の情報を出す必要が出てくる。

　たとえば明るい雰囲気の人から上機嫌に話しかけられると、ついついこちらも心を開いて、いろいろと喋ってしまったりする。逆に、一方的に聞いているだけでは、いくら相手を楽しい気分にしたとしても、さすがに相手も警戒して情報を出さなくなるだろう。

　大森氏はリーダーの条件について、こう述べていたことがある。

「リーダーに必要な資質の一つは、明るさですね。明るいというのは、よく喋ること、発信量が多いことです。そうすると、コミュニケーションが増えます。池に石を落とさないと波はたちません」

これは情報マンについても同じであり、この意味で良いスパイというのは、常に「二重スパイ」のようなもの、とも言われている。こちらは知られても問題ないような情報を出しつつ、相手からは探りたい情報をうまく引き出す、という駆け引きを制してこそ、すぐれたスパイマスターたり得るのだ。

人の逃れられないパターン

こうして手に入れた相手の情報を分析し、抽出することで、敵やライバルに対する優位さが作れる対象に「相手が見せざるを得ない、繰り返すパターン」がある。

人というのは行動するさい、ある種のパターンから逃れられない面がある。長い人生経験から築き上げられた、その人の行動の型といってもいいだろう。そして、それらはライバルからしてみれば相手の出方を知る格好の道具になる。

「選択と集中」で有名なマイケル・E・ポーターは、経営者の持ちやすいパターンについてこう記す。

その経営者がこれまでに採用して成功した戦略と失敗した戦略のタイプを知ることである。たとえば、かつて問題解決策としてコストの切りつめを採用し成功した経験をもつ経営者は、将来似たような問題が発生すると同じ手を採用するだろう。[13]

これは逆に、敵から見た場合もしかりだ。なかでも一章で取り上げたような「直感」による判断は、それがパターン化してしまうと相手から行動を読まれる元凶になる。無意識に繰り返しがちな行動ゆえ、自分では気づきにくいので、注意が必要だ。

こうした繰り返される行動パターンは、とくに厳しいプレッシャー下に置かれるような状況で出やすくなる。ある行動パターンで今まで何とかやってきたという本人の経験や、「定番のセオリー」と言われるものが、いざという時の心理的な逃げ込み先になるのだ。

プロ野球の落合博満氏が、黄金の左腕といわれた江夏豊氏の言葉を引きつつこう述べている。

ピッチャーというのは、ある特定の状況に追い込まれると、自分の持ち球のうち、もっとも得意とするボールをほうりたくなる習性をもっている。この状況を脱するには、このボール以外にはないと、固く信じ込んでいるところがある。

「このボールをほうらなきゃいけないような状況に追い込まれてね、そのボールをバッターにじっと待たれるのが、いちばん困るんだよなぁ。だからさ、あいつはボールを追いかけてくれるんで楽なの」

と江夏さんは、でっぱったおなかをゆすって笑った。[14]

落合氏は現役時代、こうした投手心理を背景に、相手投手の決め球に狙いを定めて打ち崩し、三冠王を三度獲得している。

もう一つ、ギネスに「世界で最も長く賞金を稼いでいる」と登録されているプロゲーマーの梅原大吾氏もこう述べている。

格闘ゲームは心理戦でもあるので、心から勝ちたいと願っているプレーヤーの行動は読まれやすい。動きが慎重で、セオリーに頼りすぎる傾向がある。（中略）絶対に負けられないと思っているプレーヤーは、だいたい土壇場で萎縮してしまう。[15]

13『競争の戦略』M・E・ポーター　土岐坤 中辻萬治　服部照夫訳　ダイヤモンド社　一九八二年
14『勝負の方程式』落合博満　小学館　一九九四年
15『勝ち続ける意志力――世界一プロ・ゲーマーの「仕事術」』梅原大吾　小学館101新書　二〇一二年

追い込まれた末に敵やライバルが見せるパターンは、「勝負師」にとっては美味しい状況なのだ。

無意識とコストと

さらに、特定の状況が人にパターンを持たせるような場合もある。Ｆ１で通算五十一勝をあげた名ドライバー、アラン・プロストの述懐だ。

> 私が後ろについたときは、適切な場所で、しかも最適な方法で先行マシンを抜き去るタイミングを測っている。しかしこちらの真意を気づかれず、しかも突然抜き去るときは、なるべくアタックの素振りは見せないようにしている。
> 二台のマシンの差が小さいほど、追い越しには入念にとりかからねばならない。前を行くドライバーの情報を収集して頭におさめるには、30〜40周かかることすらある。まるでイタチごっこのようだ。とにかく相手のすべての挙動が完全に読みきれるまできめ細かくチェックする。そしてギアシフトをミスした瞬間を逃してはならない。それはドライバーが疲れを感じはじめた兆候だったり、ギアボックスの調子が悪

いために、次の周でも同じ場所で同じことが起こるかもしれないからだ。その場所が近づいたら、ドライバーにプレッシャーをかけて、ミスを誘い出すのもいい方法だ。[16]

四十周もの間、プロストから虎視眈々（こしたんたん）と抜くタイミングを狙われ続けている相手ドライバーの心境はいかばかりか、と想像してしまうような話だ。

もう一つ、フリーの麻雀で八割以上の勝率を誇る人物に取材したときにも、こう言われたことがある。

「麻雀でも、情報量が多い方が勝ちます。ですから、雀荘に行って、初対面の相手と卓を囲むとき、徹底的に観察して、そのクセを見抜いていきます。自分の手よりも、相手の方を見るという感じですね。

麻雀で、相手に関して情報として見られるのが、相手の切り牌（カードゲームで言えば捨てたカード）、それと相手の所作や雰囲気。このうち相手の切り牌は「事実」であり、参加者全員が見られるもの。だから、それ以外の情報をいかに集めて、正しく分析できるかが大事なんです。どうしても無くせないクセというのがあって、フリーの麻雀でいえば、その分

16 『F1グランプリの駆け引き』アラン・プロスト　ピエール・F・ルース　田村修一訳　二見書房　一九九一年

析が早ければ早いほど勝つ確率が高くなります。

相手に見てるよ、とわかるように見るのではなくて、全体視していますよ、という中から相手を観察して、できるだけクリアな情報をとる感じですね。『テンパイ煙草』と言ったりしますが、手牌が完成する一歩手前の状態までいくと、安心して煙草を吸うみたいなクセが無意識に出るんです。

逆に、こちらはワザと相手に何かのクセを見せておいて、最後の最後でそれを利用する、ということもやりますね」

人が見せざるを得ない行動パターンとは、ライバルからしてみれば絶好のつけ入る隙であり、逆用すれば、相手を引っかけるワナにもなるわけだ。

ただしこの構図をお互いに理解していると、底の見えない裏の読み合いに突入せざるを得なくなる。こうした難局を確実に制する方法は、よほどのレベル差がない限り残念ながら存在しない。ただしヒントとなるのが、世界選手権で優勝経験のあるポーカープレイヤー木原直哉氏の指摘だ。

不完全情報ゲームでは、相手が何らかの情報を出している場合、まず疑ってかかるべきです。そして、それが本物かどうかわからないのであれば、最初から何もなかったものとして扱ったほうが賢明です。（中略）相手がコストをかけて発信している場合

は、情報として扱っていい。コストのかかっていない情報の場合は、基本的にノイズと判断して捨てたほうがいいのです。もちろん対戦相手によって変わるのですが、不完全情報ゲームの原則と言ってもいいでしょう。[17]

相手にとってどこまで無意識的で、どこまで避けがたいクセやパターンなのか、また、どこまでコストがかかった情報（ポーカーであれば掛け金を掛けているか否かなど）なのか、などを慎重に推し量りつつ、この問題は扱うしかないようだ。

二人の大横綱、千代の富士と隆の里

初対面であれば、相手のクセやパターンが本物なのかワナなのか、見分けることは不可能に近いだろう。しかし長い関係のある相手であれば、パターン外しに象徴される相手のワナまで読み切れてしまう場合がある。いい例が相撲界にある。

17『運と実力の間――不完全情報ゲーム〈人生・ビジネス・投資〉の制し方』木原直哉　飛鳥新社　二〇一三年

千代の富士といえば、幕内優勝三一回を記録した昭和の大横綱だが、彼には天敵ともいえる存在がいた。それが同僚の横綱だった隆の里。隆の里との対戦成績は通算で十二勝十六敗、一時期は八連敗を喫したこともある。まずは、隆の里の述懐をご覧頂こう。

次の天下を取るのは、千代の富士とにらんだんです。

その日から、千代の富士の相撲データを集めました。自分が上位に上がるためには、王者になる千代の富士を破らなければいけないと考えたんです。

データは、本場所のビデオはもちろんのこと巡業中の千代の富士の稽古、それに千代の富士の物の考え方が知りたくなりまして、趣味趣向や横綱の読む本まで調べたものです。巡業中は、なるべく千代の富士のそばに明け荷を置いて、暇なときに何をするか観察したものです。そうして集めたデータから、今場所の千代の富士は、どう攻めてくるか作戦を練ったものです。

大事な一番で顔を合わせるときには、二、三日前から、二四時間、一緒に生活している気持ちになって相手の出方を考えたものです。[18]

まるで千代の富士の熱烈なおっかけや、恋人のようになっていたのだ。これに対して千代の富士の方は、隆の里についてこんな発言を残している。

あのころは、顔を見るのも嫌でしたねぇ。何をやってもうまくいかないんですよ。私がまったく違った作戦でいくと、また相手がその裏をかいてくるんです。なんか向こうのサイクルに、ぴったりはまってしまうんです。なんでこんなことまで考えてくるのかみたいな。[19]

つまり、「ライバルを知る」の極みとは、完全に相手になりきって心象風景を読むことなのだ。このレベルまで達してしまうと、千代の富士がどうパターンを外してこようと、その多くを見切ることができる。

「相手の立場だったらレベル」と「人格なり切りレベル」

隆の里と千代の富士の事例からは、相手になり切ることには、深いレベルと浅いレベルが存在していることがわかる。それが次の二つだ。

18
19『私はかく闘った――横綱千代の富士』千代の富士貢　向坂松彦　NHK出版　一九九一年

A　相手の立場になったとして、自分はどう感じ考えるのか、と推測するレベル。
B　相手の人格になり切って、その好悪や価値観、性格などをベースに、論理立って相手の心象風景を読むレベル。

なり切る対象が、「立場」か「人格」なのかの違いが、この二つを根本的に分ける鍵となる。わかりやすく前者Aを「相手の立場だったらレベル」、後者Bを「人格なり切りレベル」と呼んでおこう。

隆の里は、まさしくBの「人格なり切りレベル」に踏み込めたからこそ、千代の富士の裏をかこうとする出方まで読み切ることが出来たわけだ。たとえるなら、自分自身を千代の富士のコピーにしてしまったようなものだ。

この意味では、どんな領域でも「人格なり切りレベル」まで行けるのが理想だが、その必要性は状況によって変わる。

たとえば、関係者が合理的・打算的であればあるほど、「相手の立場だったら」レベルでの対応が可能になる。数字と論理をもとにした計算は、誰がやっても結果が変わらない性質を持つからだ。また、弁護士や交渉官など、期待される役割が明確な相手も、その期待から逆算される振る舞いは、彼我(ひが)で大きくは変わらない。このため、とりわけ同じ文化圏であれば「自分の想像した相手像」と「実際の相手」とがズレにくい。

逆に、個人や組織の性格やポリシー、文化、習俗の違いなどが判断に反映されやすかったり、お互いが裏をかき合うような状況では、「人格なり切りレベル」ににじり寄る努力が必要になる。言葉をかえれば、こちらにとって非合理な要素が入ってくればくるほど、自分の予想を超えた何かに不意をつかれる可能性が高くなるのだ。

しかし、「人格なり切りレベル」になるのは難しい、単純な話からいえば、ＴＰＰの交渉官として活躍した人物が、

「相手になり切るのは、嫌な相手だとなり切れません。自分の好き嫌いを捨ててかからないとダメですね」

と述べていたことがある。自分が嫌う相手の「立場」ならまだともかく、「人格」になり切るのは、人情の機微としてなかなか難しい。

さらに、「人格なり切りレベル」への障害となる大きな要因が、状況面、そして人の心理面にはつきまとう。

喜ばれる贈り物とは

まず状況面でいえば、千代の富士と隆の里の例でもわかるように、敵やライバルの心象

風景まで理解するレベルに至るには、

・ある限定された領域内で、相手と長い付き合いがある。

・相手の情報が徹底的に集められる環境にある。

といった条件が必要になってくる。要は、敵やライバルがごく少数に絞られていないと、こんな手間暇かけていられないのだ。ゲームやスポーツ、組織内外における長年のライバルや政敵、仮想敵国の司令官、親族や配偶者などは、この範疇に入るだろう。

しかし、ここから外れる状況も多い。とくに不特定多数と対戦するスポーツやゲーム、多人数が絡む交渉や、予想外の敵やライバルの登場時など、「なり切りレベル」に必要な労力をかけるのは難しい。「自分だったらレベル」の精度を高めることに注力する以外に手がない場合も多い。

続いては、人の心理面。

一つ、示唆深い実験を紹介しよう。

アメリカでは、結婚の決まったカップルが、友人たちに「結婚にあたって欲しいものが書いてあるリスト」を出すという風習がある。そのリストを友人たちはもらって、ダブらないようにお祝いを贈るわけだ。

この風習をベースに、ハーバード・ビジネス・スクール教授のフランチェスカ・ジーノとスタンフォード大学のフランク・フリンは次のような実験を行った。

最初に九十人の被験者を、二つのグループに分けた。一つ目のグループは、先述した風習のように「欲しいものリスト」から贈り物をした群。次のグループは、「欲しいものリスト」には載っていない独自の贈り物をした群。

そして、まず贈り物をした人たちに、もらった方はどちらを喜んだかと尋ねると、「独自の贈り物」の方が、気持ちがこもっていて喜ばれたのではないか、と推測した。実際、こうした推測が広く共有されているためだろう、アメリカでは欲しいものリストにない贈り物をする友人が、現実にも跡を絶たないという。

続いて、もらった方に聞くと「欲しいものリスト」の贈り物の方が嬉しかった、と身もふたもない答が返ってきた……。

自分のものの見方の外に出る

この実験について、ペンシルベニア大学ウォートン校教授のアダム・グラントがこうコメントしている。

「調査では、他人の視点から見るといっても、たいていの人は自分のものの考え方から出ることはなく、「この場合、『私』ならどう感じるだろうか」と自問する傾向があ

ることがわかっている。そうやって贈り物をすれば、自分が選んだ品を自分が受けとったときの喜びはイメージできる。ただし、これは受けとる側が経験するのと同じ喜びではない。受けとる側は好みが違っているからだ（中略）人を真の意味で助けるには、自分のものの見方の外に出なければならない。[20]

人はどうしても、「自分が相手だったらどう感じるか」を想像してしまう。しかし、そこで想像しているのは、あくまで自分の感覚だ。相手の感覚ではない。ここを間違えると、相手を読み間違えてしまう。

しかもこうした読み間違いは、集団や文化の違いに起因するステレオタイプを強化してしまう場合すらある。アメリカでの心理の実験結果に、こんな指摘がある。

それぞれの集団を定義づける違いが、ステレオタイプによってさらに誇張され、相手の視点に立って想像することで、お互いの誤解がさらに増したのである。[21]

たとえば、「○○人は、利己的でルールを守らない」という偏見が自分にあったとする。そのうえで、「自分が相手だったらどう感じるか」を下手に想像すると、「利己的」

「ルールを守らない」という偏見に合うように、相手の行動や発言をこじつけて解釈したり、当てはまりそうなものだけをピックアップしてしまう。その結果、「ほら見ろ、やはりあいつは利己的だ」という偏見をさらに強くしてしまう――

他人への共感力が強いことは大変な強みになるが、同時にこうした落とし穴もある点、注意が必要だ。

20 『GIVE & TAKE「与える人」こそ成功する時代』アダム・グラント　楠木建監訳　三笠書房　二〇一四年

21 『人の心は読めるか?――本音と誤解の心理学』ニコラス・エプリー　波多野理彩子訳　ハヤカワ文庫　二〇一七年

第八章　人の気持ちがわかる「勝負師」たち

人生の皺を通して初めて思い至るもの

理想としては、可能な限り相手の人格になり切ってその心象風景を読む。そこまで至れない場合でも、せめて自分が相手の立場にたち切ってみる――では、この実現のためには何が必要なのか。

まず確実に持っていた方がいいと言えるのは、振幅の広い人生経験に他ならない。大森義夫氏が、こんな指摘をしている。

屈折した体験と心情がない者は世の中の表面しか分からない。加えて最近、ささやかな民間経験から「営業のための愛想笑いを浮かべたことのない者に世の中は分からない」という一項目を付け加えているのだが、どうだろう? 理屈ではない。人生の皺(しわ)を通して初めて思い至る世の中の動きもある。[22]

確かに、他人の抱く感情や思い——とりわけ嫉妬や鬱屈、絶望などのネガティブな感情——は、実際に自分も経験してみないと、理解できない場合も多い。筆者が取材した人々のなかにも、人生のある時期に親の借金や自身の貧乏の経験、また、夢に挫折したり貧しい人々と間近に触れ合った経験を持った人が少なくない。

さらに、幅広い立場や役割を経験していることは、うまくはまれば「敵を知る」うえで抜群の強みにもなる。サッカー日本代表チームのフォワードを務めた城彰二氏が、アジアナンバーワンのリベロといわれた井原正巳(まさみ)氏について、こんな述懐を残している。

22 『「インテリジェンス」を一匙——情報と情報組織への招待』大森義夫　紀伊國屋書店　選択エージェンシー　二〇〇四年

（井原氏は）大学までフォワードやってたから、全部わかるんだって。センターフォワードは、（背後にいる）相手のディフェンスを触ってどこにいるか確認しながらボールを受けたり、駆け引きしたりするんだけど、（触れる位置に）いないのよ。『いない！』って思って探したら、横から出てきてボールを取られたりとかね[23]

自分がフォワードをやっていたからこそ、井原氏はその心理を読んで、リベロとして巧みにディフェンスできたというのだ。

プロ野球の落合博満氏にも、こんな述懐がある。

私が2年連続で三冠王を手にした1985～86年、ロッテの監督は稲尾和久さんだった。稲尾さんは試合が終わると、必ずと言っていいほど投手コーチの佐藤道郎さんと私を呼び出し、3人でその日の試合を振り返りながらグラスを傾けた。（中略）この〝反省会〟を繰り返すうち、なぜ稲尾さんが佐藤さんと私を呼ぶのかが理解できるようになった。稲尾さんは投手出身の監督である。投手の交代については、佐藤さんと相談しながらやっていたのだろうが、最終的な判断を下すのは稲尾さん自身である。そこで、そうした考え方を野手の私に話し、野手側の考え方も知ろうとしていたのだ。私も、稲尾さんや佐藤さんと話すことで、投手人間の考えていることが少しずつ

わかるようになってきた。そして、このことが実戦で投手と向き合った時にアドバンテージとなり、三冠王獲得への大きな力になった。[24]

念のため、稲尾和久は通算二百七十六勝をあげ、「神様、仏様、稲尾様」と呼ばれた日本のプロ野球を代表する投手であり、佐藤道郎も最優秀防御率を二度とった投手だった。大投手二人から聞かされた投手心理が、三冠王の土台となったのだ。自分で経験せずとも、敵やライバル側にいた、卓越した経験者の話を聞くことは十分な学びになるのだ。

なぜ「戻るボタン」をつけたのか

こうした「人の気持ちを知る」ことに関して、筆者は酒巻久氏から印象的な言葉をうか

23　「頭が良くて、すっごく駆け引きが巧い」城彰二が新人時代に〝衝撃を受けたＤＦ〟は？「『いない！』って思ったら…」サッカーダイジェストWeb　https://www.soccerdigestweb.com/news/detail/id=106363（最終アクセス日　２０２３年２月10日）

24　『落合博満　バッティングの理屈――三冠王が考え抜いた「野球の基本」』落合博満　ダイヤモンド社　二〇一五年

がったことがある。

「よき技術者というのは、他人の気持ちがわかる人です。頭のいい人というのは、下手をするとその頭の良さで前に進んで行ってしまいますが、それでは売れる技術は開発できません。売れる技術というのはソリューションであり、思いやりだからです」

　これは酒巻氏が、各メーカーのトップ技術者たちに会ってまわったときに、感じたことだと述べていた。そういった人に尖ったタイプは一人もいませんでした、みな人の気持ちがわかる、やさしい人たちでした。だからこそ、お客様が何に困っているのか、何を解決して欲しいのかを繊細に見抜いて技術開発できたのです、と。

　一章で触れた、スマホの「戻るボタン」はこの端的な例だ。酒巻氏は、

「操作を間違えて、意図しない状況に陥ったとしても、一つ前のレイヤーに戻れれば大半は解決できる、だから付けたんです」

　と述べていた。もし酒巻氏がいなければ、「戻るボタン」のないスマホが標準になっていたかもしれない。そのさいの不便さを想像すれば、「思いやり」「問題解決」の重要さは明白だ。

　筆者自身、振り返って考えてみても、酒巻氏に限らず筆者が取材した「勝負師」たちは、細やかに気遣いができる、やさしい人ばかりだった。ある種のカリスマにもかかわらず、圧が強いとか、変に尖ったという面がない。ただし、それはもちろん「甘さ」とは別

種のものだ。仕事や部下指導では、「理不尽に厳しい」と評される人も少なくなかった。

　また、弁護士の荘司雅彦氏も、こう述べていた。

「人の気持ちがわかるというのは、仲間であれば良い人なんですが、敵にまわすとこれほど手強い相手もいません。こちらの嫌なところ、全部ついてきますからね。交渉事をまとめる場合に、人の気持ちがわかるのは絶対に必要なことです。まず相手が何を望み、何を望まないのかを徹底的に考えます。それを自分の依頼人の望みと付け合わせて、落とし所を決めていくんです」

「敵やライバルを知る」という観点からいえば、「勝負師」には――もちろん頭がキレキレで鋭いという面は不可欠にしろ――その一方で、人の気持ちがわかる人、という条件も浮かび上がってくる。

　では、自己中心的で、性格が悪い人が「勝負師」になれないのかといえば、もちろん、かなり不利ではあろうが、酒巻氏はこんなことも述べていた。

「いつも良い人であれとは、言いません。仕事のときは良い人になれ、と会社では言っています」

　この発想は、Ⅳ部で取り上げる「もう一人の自分」というテーマとも通じてくるものであり、十六章で詳述する。

わざわざ持つべき対象としてのライバル

この章の最後に、あらためて敵やライバルの位置づけについて考えてみたい。

自分のパフォーマンスによって成績が決まる「競」の色濃い状況では、当たり前だが自分の実力を向上させて、本番で発揮することが成果に直結する。その意味では、敵やライバルなどに気をとられるのではなく、まずは自分自身に集中した方がいいのは事実だろう。受験勉強など、その典型だ。

またビジネスでいえば、ある領域で独占に近ければ近いほど利益は得やすくなる。このため多くの企業は、敵やライバルのいない領域を探したり、みずから創り出す努力を続けてもいる。

ところが、そんな状況にあっても、わざわざ敵やライバルを設定する「勝負師」たちもいる。これにはいくつかのケースがある。

まず一つ目は、自分が高みに立ち続けるためのパートナーとして敵やライバルが必要だ、と考える場合。

一章で羽生棋士は、相手が悪い手を指すとイヤな顔をするという話をご紹介した。勝ち負けを突き抜けた境地に居続け、将棋を楽しみ続けるためには、自分に匹敵する敵やライバルがいないと困るという一面があるからだろう。ちなみに「敵」という漢字の原意は、まさしく「同じ力を持つ者」、つまり「匹敵する者」なのだ。

実社会でも同じような指摘をする人は多い。

たとえば、百五十カ国の保険規制当局が加盟する保険監督者国際機構（IAIS）事務局長を長らく務めた河合美宏氏。

「ライバルは自己実現のための機会を与えてくれるもの、ライバルがいないとカンファタブルになってしまう」

さらにグロービス経営大学院の研究科長・田久保善彦氏。

「ライバルを、自分の成長の機会と思える境地に達したのが、勝負師ではないでしょうか」

高みに居続けるため、成長し続けるため、敵やライバルはわざわざ持った方がいい面がある。そして、この意味で大森氏が、こんなことを述べていた。

「情報には期限があるし、ライバルには賞味期限がある」

ある領域の頂点に立っているわけでもないのに、いつまでも同じ敵やライバルと角を突き合わせているのは、自分が成長し切れていない証なのかもしれない。

続いて二つ目は、先がどうなっていくのかを考える上で、敵やライバルの設定が必要な場合もある。これは酒巻氏の卓見であり、十章でご紹介する。

最後に三つ目として、「自分自身を知る」ために、敵やライバルが必要という場合もある。これはⅣ部の「諫言役」というテーマに通ずるものであり、十二章でご紹介したい。

III部

未来は誰にもわからない、しかし……

第九章 環境、そして変わらないもの

勝負師たちの地道な努力

ここからは、「勝負師」が打ち立てるべき二本目の柱、「全体の流れや機会（天の時）、環境を知る（地の利）」を取り上げていく。

まずは「天の時」と「地の利」のうち、より単純な「環境を知る（地の利）」の方について見ていこう。

アイルトン・セナといえば、「天才」「マジック」の異名をとるF1ドライバーだったが、ライバルだったアラン・プロストがこんな述懐を残している。

アイルトン・セナは全長6kmもあるコースを、レース前に自分の足で歩いてまわる。彼は路面を丹念に観察し、どんなささいなコース上のあとも見逃さずに正確に記憶しておく。彼の天才的なドライビングはこんな努力に支えられているわけだ。[1]

セナは天才であると同時に、努力の人でもあったのだ。ちなみにこの後、セナがこのような「地の利」を知る努力をしていることを聞きつけると、他のドライバーたちも同じようにぞろぞろとコースをまわって視察するようになったという。

さらに、将棋の大山康晴にも、こんな述懐がある。

私は、対局前夜に対局室に行って電気をつけ、自分の坐る側から将棋盤の線と駒の

1　『F1グランプリの駆け引き』アラン・プロスト　ピエール・F・ルース　田村修一訳　二見書房　一九九一年

文字の光り具合を検討する。すこし光りすぎると思えば、ちょっと盤の位置をずらしておく。むろん、手洗いの位置もたしかめておくし、障子や襖のたてつけも調べておく。

勝負に臨むに際しては、できる限り悪条件は取りのぞいておく。それが、勝利に近づく第一歩である。[2]

「光りすぎると思えば、ちょっと盤の位置をずらしておく」というのは、対局中にライトの加減で盤面がチラチラ光ると、思考の邪魔になったり、頭が痛くなるので、光らない位置に盤面をズラしていたというのだ。

逆に——あくまで筆者の想像だが——大山康晴は、対局相手の方にも座ってみて、そちらから見ると盤面がチラチラ光るように調整したのだろう。二章で、彼のライバルだった升田幸三の、

いろんな盤外作戦が行われたりするのは感心しないが、そのことだけで「勝負の鬼」を否定することは出来ない。[3]

という引用をご紹介したが、盤外作戦を駆使していた典型が大山康晴でもあるのだ。

こうした、環境を知るために時間を惜しまず、しかも自分で直接調べたというエピソードは、「勝負師」といわれる人にはつきまとう。七章で「敵やライバルを知る基本は、努力と根性、そしてお金を惜しまないこと」という話を取り上げたが、この三点は、「環境を知る（知の利）」についてもまったく同じことなのだ。

「変わらないもの」あっての「変わるもの」

続いては、「全体の流れや機会（天の時）」について。

ここまで散々触れてきたように、囲碁や将棋の対局のような閉じた領域であれば、一、二章で取り上げた「長く深い経験」によって、

・「いま全体がこんな感じになっている」という大局観
・「この将棋はこういう方向に行きそうだ」という方向性やビジョン
・素人には「混乱していてグチャグチャだ」としか見えない状況での、判断の急所に対す

2『勝負のこころ』大山康晴　ＰＨＰ文庫　一九九二年
3『塚田名人升田八段　五番将棋』朝日新聞出版社　一九四九年

る洞察

といった直感を磨き、全体の流れや、そこに点在する機会を洞察することが可能になる。過去の経験の蓄積をもとにした類推や類比が、そのまま通用するからだ。

しかし、外部に開けば開くほど、ルールや構成要素、領域の括り自体も変化し、先行きの見通しは難しくなる。三章で取り上げた、「チンバンジーにも劣る、専門家の政治予測」の話にそれは端的だ。

ただし、一口に「ある領域」といっても、子細（しさい）に観察すれば、四章の最後で触れたように多様なレイヤーやサブ領域、要素が混在している。過去の経験則や流れが、どの程度未来に当てはまるかは、もちろんそれぞれで異なってくる。その中で「過去と未来が繋がりやすいもの」をピックアップできるなら、それをテコにして大きな全体の流れが摑める場合がある。

これを「変わらない」「変わる」という切り口から考えてみよう。

まず「変わらない」という観点でいえば、抽象度を上げたり、本質を洞察することで、

・いつの時代もほとんど変わらない底流やパターン
・期限付きだが、今までの経験則や流れがそのまま当てはまる事象

といったものが見えてきたりする。

たとえば、人のかかわる領域であれば、歴史の中で似たパターンを繰り返す対象が存在

する。よく言われることではあるが、人は似たような過ちや失敗を、世代が変わるごとに繰り返す。

澤上篤人氏も、半世紀以上にわたる金融業界での経験をもとに、こんな指摘をしていた。「いつも長い時間軸を持って判断しています。ここ十年とか二十年だけを見て、今の金融を語る人がいますが、百年単位で見てみろと。人の判断というのは、その時々でみな同じように間違えます。しかし、上がったものが下がり、下がったものが上がるというのは変わりはしません」

また和田洋一氏も、スクウェアに入社してから、歴史家ヨハン・ホイジンガの『ホモ・ルーデンス』——人の本質に「遊ぶこと」があるという切り口の有名な歴史書——を読んだ、と述べていた。まず人間の変わらぬ本質を捉えることから始めているのだ。

人はどうしても派手に変化するものに目を奪われがちになるが、その根底にある、「変わらないもの」を、まず見据えることが「勝負師」たちのやり方でもあった。そもそも「変わらないもの」がわからないと、「変わるもの」も見えてこない面は確実にある。

変化の本質と未来の幅、先行指標

一方、これとは逆に「変わること」に焦点を当てて、未来の展開を考えるやり方もある。

変化には、突発的で予測が難しいタイプも多いが、予測が可能なタイプもある。

たとえば、ある領域を構成しているレイヤーやサブ領域、要素の中には、「同じ変化」「同じ変化率」を続けていくものが存在する。その動因、つまり変化の本質を把握できれば、未来への影響や、どの程度続くかの期間が考察可能になる。これは、変化はしているが「過去と未来が繋がりやすいもの」のバリエーションと捉えることができる。

さらには、外部からの影響を受けて、ある領域が変化するような場合でも、その変化にはやはり本質がある場合も多い。

「なぜ変わったのか」

「なぜその変化が継続したり拡大するのか」

という理由がわかれば、細かい未来への道筋は見通せなくても、「あっちの方に行けばいい」という方向性、つまり全体の流れを読むことができる。

和田氏にも、こんな発言がある。

「僕は昔から大局観が一番大切だと思っているんです。こっちの方向に行けば良いんだっていう。これは時系列ではなくて、あくまで方向性の話。その方向性の中で、さまざまな選択や決断、試行錯誤をしていくんだけど、そのさい気にするのは、あくまで方向性があっているか、ということ。これさえ間違っていなければ、たとえ個々の判断が間違っていたり、矛盾しているように見えても、そんな問題ではないんです。それどころか、方向性さえあっていれば、その時は一見バラバラのように見える決断でも、後から繋がって、布石のような効果を発揮し出すんですね」

問題は、「変化をもたらす本質」をどう洞察するか、なのだ。

ただし、社会や世界といった大きな括りになると、いくつもの本質が絡み合うのが普通であり、方向性すら見定めがたい場合も出てくる。ただそんな中でも、

「あり得る未来の幅」

であれば、ある程度網羅していくことが可能になる。それによって自分の「地図上の現在地」を描き、実際に何かが起こったときに誰よりも早く的確な対処ができる、ないしはその可能性が高められるのだ。

最後に、やや異なる切り口から、「先取りされた未来は何か」を考えるという方法もある。

時間的、空間的に視野を広げていくと、われわれの未来や、やろうとしていることを先取りする事象が往々にして存在する。

たとえば景気動向には、求人数や東証株価指数などの先行指標があり、先行きを知る手

掛かりに使われている。そうした自領域にとっての「先取りされた未来」や「先行する他の歴史」、定性的なものも含めた「先行指標」を見つけられれば、大きな流れや機会はかなりの程度予測可能になる。

ここからは、今あげた四つ、

① 過去と未来が繋がりやすいもの
② 変化をもたらす本質
③ あり得る未来の幅
④ 先取りされた未来

に焦点を当てて、「勝負師」たちの言葉をご紹介していきたい。

したたかに生き残る者たち

社会において、過去も現在も、おそらく未来も変わらないことの一つに、人が飲食したり、服を着たり、寝たりといった日常生活を送ることがある。さらには、ある程度以下の生活水準であれば、その質を向上させようと行動するだろう。

二〇〇八年からのリーマンショックやギリシャ危機のさなか、筆者は、澤上氏にこんな質問をした。

「金融業界の強欲な人たちのせいで、世界は滅茶苦茶になってしまいませんか」

するると澤上氏は「ならないよ」と即答した後、こう続けた。

「金融業界って、金融やお金という無機質なものをバッタンバッタンやっているだけなんですよ。そこから何も生んでないでしょ。富はどこから生まれているかといったら、人々の毎日の生活ですよ。飲んだり食ったり着たりするじゃないですか。さらに地球上の人口は、ずっと増え続けている。

どんどん人口が増えて、飲んだり食ったり着たりする生活消費。それと、そうした生活を支える企業の生産供給活動。これが裏表の関係で、こういうのをベースに、お金って動いているし、経済もあるわけです。今の金融って、帳簿上の数字を技術で増やしているだけ。何の意味もない。そんなのが吹っ飛んだって、われわれの生活はなくならないんですよ。

激動の中でも一般の人々はしたたかに生きているし、変わらない。そこだけで十分に長期投資はできます。一時的には『古い』と言われたりしますが、そう言っていた人たちが、結局いなくなっていく」

澤上氏は、日本の戦国時代を例に挙げていたこともある。

武士たちが合戦に明け暮れている横で、一般庶民たちは日々の生活を送っていた。戦国武将たちが派手な栄枯盛衰を繰り返す中で、そんな一般庶民はしたたかに生き残っていった、と。

こうした戦国武将たちを、浮沈を繰り返す現代の金融関係者と考えると、とてもわかりやすい話だ。

澤上氏は派手に乱高下する方ではなく、「確実に続く底流」や、「循環を繰り返す」という普遍的な本質を、該博な金融史の知識のみならず、日本史、世界史の知識も駆使して見出し、成果を挙げ続けているのだ。

同じことは、オマハの賢人といわれるウォーレン・バフェットにもいえる。彼は、

・自分の理解できないものには投資しない
・派手な魅力はないが、多くの人が必要としているものを提供する企業に投資する

という投資哲学があるとされ、実際、一九九〇年代後半からのＩＴバブル華やかなりし頃でさえ、一切ＩＴ企業に投資しなかった。逆に、アイスキャンディーで有名なデイリー・クイーンに投資したりしている。昔も今も変わらぬ「生活者」ベースの投資が、巨大な成果を生んでいったのだ。

澤上氏とバフェットに共通するのは、「したたかに生き残る庶民や生活者」を対象にしているが故に、「自分たちも、したたかに生き残っている」という点だろう。

変わらぬ本質を見抜く

一般のビジネスでいえば、抽象度を上げていくと見出せる「変わらないもの」の典型に、「経済構造」がある。要は、「なぜ利益が出るのか」の一番基本的な部分、本質といっても良いだろう。

ところが、ライバルとの競争といった派手な事象に目を奪われて、人はそれを忘れがちになる。産業再生機構で活躍した後、経営共創基盤を創業した冨山和彦氏の指摘だ。

> （①自らの市場の理解、②競争ポジションの理解、③基本的な経済構造の理解）の三つの要素のうち、**市場や競争の理解より、基本的な経済構造の理解のほうが、はるかに重要になっ**てくるのである。なぜなら、市場や競争環境は、日々変化する。お客さんの行動は移ろいやすく、競争相手も朝令暮改のごとくやり方を変えてくる上に、競争相手の定義すら変わってしまう。もちろんこれらの理解は重要だが「市場はこうなる」「競争はこうなる」と決めつけることは、意味をなさなくなるのである（中略）戦略の策定で**致命的に間違えるケースとは、市場や競争状況に目を奪われ、この基本的な経済構造に反することをやってしまうこと**である。さまざまな企業を見ていると、こういうケースに陥っている企業が意外と多い。[4]

このいい例が、酒巻氏が改革したキヤノン電子にある。

酒巻氏は、一九九九年にキヤノン本社から、実質赤字経営に陥っていたキヤノン電子に移り、社長となった。そして社長就任の挨拶時、居並ぶ幹部たちに次のように述べたのだ。


真っ先に行なうべきはコスト削減です。一般に業績の良くない会社は売上の20〜30%にムダがあるとされます。これを7〜8%に抑えることができれば、ムダの10〜20%を利益に転換できる、価格競争力もつく。ムダをなくせば、その分、利益の掘り起こしができるし、市場での競争力もつきます。だからムダをなくす。[5]

キヤノン電子のような製造子会社が利益を出す一番単純な構造とは、製造物の売り上げから、材料や人件費などのコストを引いた残りをきちんと出すこと。当然、かかるコストが低ければ低いほど利益は多くなる。

しかし多くの工場では、大量のムダを抱えたまま、ライバルに優るポジションを得る戦略を考えたり、ヒット製品を作ることによって売り上げを伸ばし、利益を出そうとする。

しかし高コスト構造を抱えたままでは、高い利益など望むべくもない。

では、酒巻氏がキヤノン電子のムダ取りを推し進めた結果どうなったのか。一九九九年の経常利益率が一・五％だったのに対し、二〇〇七年には十四・一％と、約十倍に膨れあがった。この間、売り上げ自体は一・四倍しか増加していない。

基本部分を手当てすれば利益が出るようになる――同じ指摘は、日本電産を創業した永守重信氏にもある。

私は、この十数年の間に倒産寸前まで追い込まれていた二十社以上の会社の経営権を譲り受けて、再建にあたってきました。そのほとんどが大企業の子会社でしたが、共通していたのは、工場の清掃が行き届いていない、出勤率が悪い、社員同士であっても挨拶しないといった、当たり前のことができていないということでした。

赤字会社を黒字にするのは決して難しくはありません。固定費の多くを占める人件費の見直し、といっても切り詰めるのではなく、出勤率を高めて、工場をきれいにするだけで赤字が黒字になります。[6]

4 『会社は頭から腐る――企業再生の修羅場からの提言』冨山和彦　PHP文庫　二〇一三年

5 『左遷社長の逆襲――ダメ子会社から宇宙企業へ、キヤノン電子・変革と再生の全記録』酒巻久　朝日新聞出版　二〇一一年酒巻氏と永守氏とは、利益を出すための最も普遍的な「経済構造」に対する見直しを徹底していた点で、共通していたのだ。

6 『情熱・熱意・執念の経営――すぐやる！　必ずやる！　出来るまでやる！』永守重信　ＰＨＰ研究所　二〇〇五年

第十章 変化の本質を、いかに見抜くか

変わることが、変わらない

続いては、「変わること」をベースにして、いかに「全体の流れや機会（天の時）」を見出していくか、について。まず、その基盤となるのが、

「変わることが、変わらないこと」

つまり、「同じ変化」「同じ変化率」が続くレイヤーやサブ領域、要素を活用していくこ

とだ。地球規模という大きな括りでの、一般的な例をあげると、

・平均気温や海水温の上昇（CO_2の排出が主な原因とされる）

・地球全体の人口の増加（医療や食糧増産技術などの進歩）

これらは、右肩上がりの変化がトレンドとして続くものだ。逆の、右肩下がりのトレンドとしては、

・日本を始めとする多くの先進国での合計特殊出生率の低下（社会の高学歴化による、女性の出産年齢の高まりなど）

こうした右肩上がり／下がりのようなトレンドは、それが永続的に続くというより、往々にしてそのトレンドが始まった時点があり、そして多くの場合、いつか終わりが来る。また、大きく捉えれば、循環（浮沈・盛衰）の一部分の切り取りの場合も多い。

また、未来の展開が予測しやすいため、経営学者のドラッカーはそれを「すでに起こった未来」と呼んだ。

重要なことは、「すでに起こった未来」を確認することである。すでに起こってしまい、もはやもとに戻ることのない変化、しかも重大な影響力をもつことになる変化でありながら、まだ一般には認識されていない変化を知覚し、かつ分析することである。[7]

ドラッカーはこの観点から、少子化による人口動態の変化がビジネスに及ぼす影響を、最も最初期に論じた識者の一人だった。

続いては、循環（浮沈・盛衰）するトレンド。一般的な例としては――

・景気（波の長さによって、さまざまな学説がある）やそれに連動する株価

・商品サイクル、覇権国や王朝、産業などの興亡（対象によって理由は異なる）などが当てはまる。後者の例は、個々の事象にとっては浮沈や盛衰になるが、抽象度を上げて大きく捉えれば循環の一部に組み込まれる。

循環は、右肩上がり／下がりのトレンドに比べて、周期や波の大きさなど、パターンが崩れやすいという特徴がある。たとえば戦後日本の景気循環の周期を見ても、二〇二二年まで言えば最長で九十ヶ月、最短で三十一カ月と差が激しいし、全体の起伏もさまざま。大きな流れはアテにできるが、個々のパターンはアテにしにくいのだ。

最後に、「同じ変化率」の継続というケースとしては、

・金融の複利計算

7 『すでに起こった未来――変化を読む眼』P・F・ドラッカー　上田惇生、佐々木実智男、林正、田代正美訳　ダイヤモンド社　一九九四年

・コンピューターの性能の指数関数的な向上（集積回路の密度を物理的に凝縮させることによる）がある。後者はインテルの共同創業者ゴードン・ムーアの名を取った「ムーアの法則」で知られ、シリコンチップあたりの半導体の集積密度が、一年で二倍（後に二年で二倍に変更）になる、という予測だ。

この法則は、一九六〇年代から現時点まで当てはまり続けている。要はコンピューターの性能が倍々に良くなっていき、その数値がほぼ予測できるのだ。企業はこれに基づいて、先々のコンピューターの性能向上を予測しつつ、それに即したサービスや製品の提供を考えることが可能になっている。

ただし、指数関数的な増加は、人間が直感的に理解しにくい面がある。人は、何かが増える／減るという状態を想像するとき、どうしても直線的な増加や減少を思い浮かべてしまう傾向を持つのだ。

たとえば、一、二、四、八、十六、三十二と倍々に増える数があったとしよう。五回目で三十二、十回目でも一〇二四だが、さて、三十二回目でどれくらいの数字になるか——筆者は、企業研修で問題として出すのだが、返ってくる答の多くは三桁以上少なくズレてしまう。答は、

「四十二億九千四百九十六万七千二百九十六」

指数関数的な増加は、この三十二回目以降に、爆発的に増加し始める。この理由もあっ

て、コンピューターやＡＩのはね上がる性能による果実に、人はしばしば意表を突かれてしまう。

ここまであげた、

・一方向に続くトレンド（右肩上がり、右肩上がり）
・循環（浮沈・盛衰）
・指数関数的増加

といった「同じ変化」「同じ変化率」を持つレイヤーや要素、サブ領域を見出し、なぜそうなるかの本質を摑むことによって、とくにビジネスでは「大きな方向性」や「流れ」を摑めるケースがあるのだ。

予言者アラン・ケイ

ビジネスでの例を見てみよう。

和田洋一氏は、「コンピューターゲームの進化を起こす駆動力とは何か」について、こう述べていた。

「コンピューターゲームは一見エンターテインメントに見えるが、成長ドライバーはコンピューター。だとしたらコンピューターがどう進化するかを、いかに先まわりするかが必要。そのための世界観をどこに求めるか。ゲーム開発は三年から五年かかるので、そのときどうなっているかを読めなければならない。だからアラン・ケイだったり、ＣＰＵ（中央演算処理装置）の能力がどのように上がっていくのかを追っかけた方が早い」

アラン・ケイとは「パーソナルコンピューターの父」と呼ばれる科学者・教育者。彼は、「コンピューターの進化は、小型化、一体化、高性能化」と、ＰＣが出始めた頃に、すでに予言していた人物だった。

「小型化」とは、文字通り、メインフレームからデスクトップ、ノートパソコン、スマートフォンへと、ハードがどんどん小さくなる流れ。

「一体化」とは、さまざまな機能が一台に集約する流れ。最初期はワープロなどの専用機が存在していたが、一台のパソコンに複数の機能が集約されるようになり、スマホに至ってはインターネット、メール、電話、スケジュール管理、文章作成、表計算、カメラ、地図……実にさまざまなものが一体化して使えるようになっている。

「高性能化」とは、ムーアの法則で予測された流れ。今のスマホの性能は、二〇年前のスーパーコンピューターの計算能力を軽く凌駕する。

実はこの三つの要素は、歴史的にいえば、他のジャンル——たとえば時計業界の歴史の中でも繰り返されてきた流れだった。

・小型化——時計塔のような巨大時計から置き時計、懐中時計、腕時計へ

［芝生の上でDynaBookを使っている二人の子供］
1972年、Alan Kay, A Personal Computer for Children of All Ages
[picture of two kids sitting in the grass with Dynabooks] ©Alan Kay

・一体化――ストップウォッチやアラーム、健康測定、メールなどの機能の集約
・高性能化――機械式からデジタル、電波へという高精度化

コンピューターと時計、二つのジャンルの進化が重なり合うのには理由がある。それは根底にある「顧客の根源的な欲求」が似通っているからだ。

よくビジネスでは、「土俵をずらす」「ゲームのルールを変える」「イノベーション」といったことが叫ばれるが、当たり前だが、それらも顧客の支持の範囲内でなければ不可能だ。

言葉を換えれば、「顧客が望むものの本質」と、そこから導きだされる「不可逆的な流れは何か」が摑めると、ビジネス領域における大きな流れは見えてくる。

「不可逆的」とは、それまで懐中時計を使っていたのが、軽くて邪魔にならない腕時計が登場すると、「持ち歩くなら腕時計の方がいい」と感じて、多くの人がそちらに移るような、一方通行の流れを意味する。

他業種の歴史の知恵も借りて、こうした一方向に続くトレンドと、その本質を押さえていけば――これは三、四章で取り上げた「幅広い知識と教養」の活かし方の一つの実例でもある――コンピューターの進化の流れと方向性を読むことが、事前に可能になるのだ。アラン・ケイ自身、すでに一九七二年に前頁の図のようなタブレット型のパソコンのスケッチを残している。

不可能といわれた逆転劇

筆者がこの「顧客の根源的な欲求」の重要さに気がついたのは、作家になりたての頃に中條高徳(なかじょうたかのり)元アサヒ飲料会長に取材したときの、次の発言からだった。

「スーパードライがキリンラガーに逆転できた一つの理由は、日本人の味の好みの変化ですよ。人間、貧しいときは濃くて尖った味を好む。田舎料理が典型で、保存のために味が濃くなるのもあるけど、味が濃いので満腹感を得られやすくなる。一方、おカネを持ち始めると、薄くて丸い味を好むようになる。京料理が典型だが、新鮮な食材が手に入るので、素材の味を活かした料理が好まれる」

一九八〇年代半ばまでキリンのラガービールはシェア六割以上を占め、圧倒的な存在だった。ラガーは味の濃い、重いビールだった。それに対抗して、すっきりした味のスーパードライが発売されたのは一九八七年、ちょうどバブル景気が始まる頃だった。スーパードライは、薄くて丸い料理の味を邪魔しない飲み物だったのだ。

確かにその時期から、ホテルのメインダイニングが、濃い味のフレンチから素材の味を活かすイタリアンに変わり、また、世界が富裕化するとともに、各地で和食ブームが起きてもいった。

中條元会長は、こうした「顧客の根源的な欲求」の変化を読むことで、生ビールやドライビールへの転換を推し進めた中心人物だった。その結果として「スーパードライ」が発売され、ライバル・キリンとのシェア比六倍以上――ハーバードビジネススクールで絶対に逆転できないシェア比の実例として、当時使われていた――の差を十数年かけて逆転した。

筆者は中條氏に、もし自分が攻め込まれたキリンの側の社長だったらどうしますか、と尋ねたことがある。返ってきた答えはこうだった。

「一番搾りに一点集中する」

一番搾りは、生ビールでキリンの主力となった商品だが、キリンは一時代を築いたラガービールへの愛着を捨てきれず、中途半端な注力しかできなかった。しかし、「丸くて薄い味を好むようになる」という「顧客の根源的な欲求」の変化に逆らっては、どれほどシェア比があろうとそれを維持することは不可能だったのだ。

中国の総合電機メーカーXiaomi（シャオミ）の創業者である雷軍（らいぐん）には、こんな言葉がある。

風の吹くところに立てば豚だって空を飛べる 8

そう、「顧客の根源的な欲求」による風が吹いてこそ、大きな商いは成り立つ。何が「顧客の根源的な欲求」なのかは時代やジャンルによって変わるが、卓越したビジネスパーソンは、こうした本質に対する読みを武器にして、さまざまな領域で成果をあげているわけだ。

本質がある中での試行錯誤

話をコンピューターゲームにもどそう。

ゲームの進化も、コンピューターハードの進化とまったくの相似形だった。

最初期は、スペースインベーダーやパックマンのように大型専用機一台に一つのゲームだった。続いて、スーパーファミコンのように小型の汎用機一台で複数のゲームが楽しめるようになり、さらにはスマートフォンを使ったソーシャルゲームへと多様化が進んでいった。

つまりコンピューターゲームに変化や多様化をもたらしたのは、ソフトの中身の革新ではなく、ハードの進化という外部からの影響だったのだ。しかもその進化の流れは、アラン・ケイという先駆者により完成形が予言されてもいた。

この関係をうまく読み取り、次にどのようなハードが来て、どのようなゲームがそこで遊ばれるかを予測しつつ、和田氏は、新しいゲーム開発の手を打っていったのだ。

こうした変化の流れは、後から振り返れば必然のように見えるが、歴史の現場に立てば、まさしく濃い霧のなか、先など見通せない状況だったことには注意が必要だろう。実際、スマホが発売された当時、和田氏が社内で「これからはスマホにシフトするぞ」と言っても、多くの社員は半信半疑でしかなかった。

「変化をもたらす本質」が存在するからこそ、和田氏にはこんな発言がある。

「こっちの方向に行きたいんだは、ないですね。しょせん世の中、道理にしか落ちません。正しい潮の中で速く泳ぐことはできます。しかし、逆流では泳げません。自分の意図がない分、方向性が客観視できます。そして、先取りはできる」

ただし、この変化の本質はすでに通用しなくなった、とも述べていた。

「コンピューターが、入力、出力、演算に分散していく世界をアラン・ケイは予想できませんでした。今後、演算はクラウドに、入力と出力は、人の身体の機能にそった形で分か

8　『中国のスティーブ・ジョブズと呼ばれる男――雷軍伝』陳潤　永井麻生子訳　東洋経済新報社　二〇一五年

れていくでしょう。

アラン・ケイの世界は二〇一〇年から一五年に完成してしまった。コンピューターサイエンスの人たちは、アラン・ケイを神として見ていて、その世界観を実現していったんです。ジョブズは完成させた人。ガーファ（ＧＡＦＡ）は次への過渡期。次の候補はいろいろあるが、アラン・ケイのように一人で書いていない。体系立っていないので、ロードマップはまだありません」

本質に対する洞察は、その変化の有効期限をも示してくれるわけだ。

ただし、本質を読んで、「あっちの方」という方向性はわかったとしても、中でどんな細かい道筋をとりつつ進むかは、事前に予測がつかない。だからこそ、前章一四一頁での「方向性のなかで、さまざまな選択や決断、試行錯誤をしていく」という発言にも繋がっていく。

ちなみに、うまい試行錯誤のやり方として、

「間違える前提で、方向転換を可能な限り前倒す戦術をとっていました。ＩＴ系がよく言うピボットはその一つですね」

とも和田氏は語っていた。ピボットとは、シリコンバレーなどから使われ始めたビジネス用語で、「方向転換」のことだ。

温故知新

「変化をもたらす本質」を見極める手段として、歴史や顧客の心理に対する洞察はもちろんのこと、敵やライバルの存在を活用するというやり方もある。

まずは、長い引用になるが、酒巻久氏の指摘をご紹介したい。

たとえば、ある製品を開発したとしよう。そうしたら、まず最初に、それに取って代わる製品はどういうものかを考える。具体的には、その製品を潰す技術は何か、市場価値をゼロにしてしまうような条件は何かを考えるようにする。要するに、**どういう製品が登場したら、自社の開発した製品は売れなくなるかを考えるのである。**

次に自社製品を潰すような、ある意味、理想的と言える製品を過去に開発しようとしたケースはなかったかを調べてみる。先を読むには、いまから5年、10年先を考えるだけではなく、過去にさかのぼって、5年、10年、20年前の過去からも、未来を考える必要がある。過去がわからないと絶対に先は読めない。温故知新で過去に学ぶ姿勢が、何より重要になる。

過去の開発事例は、業界紙や特許情報などを当たれば調査が可能だ。これは実際に調べてみればわかるが、たいていある。そのものズバリの製品はなくても、基本的な製品コンセプトなどがよく似ている製品なら、まず間違いなくある。99%あると言ってもよい。

いまの人間が考えるようなことは、10年、20年前の人間も必ず考えている。だがそれは実現しなかった。なぜできなかったのか、失敗したのか、その理由を探ってみる。すると、一般的に大きく三つの理由が見えてくる。

一つ目は技術的な問題で、開発者が望む製品を実現するには、部品や素材、製造装置などの能力が圧倒的に不足していた。二つ目は製造コストの問題で、部品や素材、製造装置などの価格が高すぎて販売価格の面で無理があった。三つ目は製品化の時期の問題で、時代が早すぎて消費者がついてこられなかった――。

これらのできなかった三つの理由と、先に述べた、いまの時点から見た自社製品を潰す条件とをあわせて考えれば、将来的にどういう条件が揃えば、自社製品に取って代わる画期的な製品が登場し、自社製品が市場から淘汰されてしまうのか、相当程度、予測可能になる。[9]

この指摘は、酒巻氏自身の実体験がベースになっているので、ご紹介しよう。

この製品をダメにするものは何か

　キヤノンは一九七〇年代以降、複写機において絶対的な王者といわれたゼロックスを凌駕していったことで有名だが、その中心にいて、若手技術者として活躍したのが酒巻氏だった。厳重な特許に守られ、「とてもゼロックスには勝てない」と、ライバル企業が複写機市場には手出ししなかった状況で、キヤノンだけはその覇権に挑み、切り崩していったのだ。

　キヤノンからの猛攻に耐えかねたゼロックスから、酒巻氏は当時の年間給与の何倍もの年俸を呈示され、引き抜きにもあったという。

　そして、安価なうえ、ゼロックスとは異なる方式のすぐれた複写機を開発した。さっそく上司だった鈴川溥（ひろし）に報告したところ、こう言われたというのだ。

「この商品をダメにさせる商品は、どのようなもので、どれくらい先に出てくるか考えてきなさい。それがまとまるまでは発売しない」

　酒巻氏は考え抜いて、

9　『見抜く力——リーダーは本質を極めよ』酒巻久　朝日新聞出版　二〇一五年

「複写機は紙の文化から離れていない。ペーパーレスになれば、複写機は要らなくなる。つまり画像ですべて処理できるような商品が出たときにダメになる。しかしそれには高解像の液晶とプロセッサーの進歩が必要で、時期は三十年後くらい」

と、報告した。気づいた方もいると思うが、この発想は今のタブレット型パソコンのコンセプトそのままだ。同じ山を、アラン・ケイとは別のルートで酒巻氏は登ったわけだ。

さらに、これと同じことがもう一度繰り返される。

酒巻氏は、後にキヤノンのデジタルカメラ開発の中心人物となった。そして一九八五年に開発に成功。その旨を上司だった鈴川溥に報告すると、複写機の時とまったく同じことを、また言われたのだ。

そこでやはり一年考え抜いて、こんな結論を出した。

「デジタルカメラの本質は、コンピューターにレンズが付いていること。今までのカメラは家族で楽しんでいたが、今後はパソコンと同じように個人で楽しむようになる。そうなると、今のデジタルカメラはネットワークに繋がっていないことが欠点になる。ネットワークに繋がるデジタルカメラが出てくれれば、ダメになる」

お気づきのように、これもまたカメラ付きタブレットやスマートフォンの原型となった考え方だ。

この後、酒巻氏はパソコンの責任者となり、一九八八年にＮＡＶＩを開発する。これはデスクトップ型ではあるが、タッチパネル方式で、ワープロ機能に電話とファックスがついていた。性能が向上して小型化すれば、そのまま今のスマホができあがるようなコンセプトだ。しかし当時は値段が高く、プロセッサー、メモリの性能が低くて反応も遅いため、まったく売れなかった。発想が時代に先んじ過ぎていたのだ。

しかし、このパソコンを大絶賛した人物がいた。それがスティーブ・ジョブズだった。ジョブズから、ぜひ新しいパソコンを一緒に作ろうと熱烈なオファーを受け、キヤノンは彼の新会社ネクストコンピューターに出資、酒巻氏はジョブズと共に研究開発に着手する。その結果生まれたのが、ＮｅＸＴというパソコンだった。

しかし、これもやはり時代に先んじ過ぎていた。まったく売れずに、キヤノンは三百億円の赤字を出した。これによってキヤノンは手を引いてしまうのだが、ジョブズは諦めずに、ＮＡＶＩからＮｅＸＴへと受け継がれたコンセプトを洗練させ続け、ｉＰａｄやｉＰｈｏｎｅの開発へと繋げていく。

この歴史的な経緯を踏まえつつ、先ほどの酒巻氏の文章を読むと、酒巻氏の意図がさらに明瞭に伝わってくるのではないだろうか。

時代を超えた勝負師たちの交感

しかし、新製品開発直後に、酒巻氏に対して二回も宿題を出して、来るべき未来を展望させた鈴川溥とは、一体どのような人物だったのだろうか。

彼は「キヤノンの技術の父」といわれる技術者であり、第二次世界大戦中は日本海軍の技術将校でもあった人物だ。若手の技士として、主に潜水艦の設計などを担当していた。

「自分は表舞台に出る資格はない」

と、残念ながら著書などは、まったく残していない。

彼のいた海軍での戦いは、技術力で勝負が付いてしまうことが多い。いくらこちらが優れた兵器を開発したとしても、敵がそれ以上の性能を持つ兵器を作ってしまうと、確実に戦闘では負ける。つまり、自分が開発した兵器を、敵が倒す兵器を作るとしたらどのようなものか、そしてそれはいつ頃か、と常に問わなければ、勝ち続けられる兵器開発はできなかったのだ。

だからこその、酒巻氏への問いだった。

「ほとんどすべてのものは長い時間がたてばダメになる。その波を意識する」

と酒巻氏は述べていたが、確かにずっと勝ち続けられる兵器も、ずっと売れ続ける電化製品もない。では、なぜダメになるのか、という理由を考えることで、そのコンセプトの本質、そして変化の本質が見えてくるのだ。

これは、先ほど触れた循環（浮沈・盛衰）の本質――なぜ循環や浮沈、盛衰が起こるのかの理由――を見抜くための強力な手法という言い方もできる。循環（浮沈・盛衰）とは、いま支配的な何かがあり、それに取って代わるモノが勃興してはじめて起こる現象だからだ。

酒巻氏および鈴川溥の指摘とは、取って代わるモノに対する洞察こそが、この循環の本質を捉える何よりのやり方であることを示している。そして二人は、その洞察を実践して製品に結実させていったのだ。

ちょっとしたエピソードをご紹介したい。

筆者は、酒巻氏がいかに凄い経営者かつ技術者なのかを、和田氏に熱心に説明したことがある。すると和田氏は、

「一度、酒巻さんに会ってみたいな」

と希望された。そこでアポをとって、和田氏と私とでキヤノン電子に出向き、酒巻氏からお話をうかがったことがある。そのなかで酒巻氏が、

「この商品をダメにさせる商品は、どのようなもので、どれくらい先に出てくるか考えてきなさい。発売が遅れてもいいから、と上司から言われまして、発売が随分伸びました」

という話をすると、和田氏はこう口にしたのだ。

「それは、**なぜ売れるかの本質がわからないうちは、発売するな、**ということですよね」

時代を超えた勝負師たちの交感を、筆者は目の前で見せられた気分だった。

先取りされた未来としての「他の歴史」と「過去の失敗」

最後に、酒巻氏の引用の中にあった、

「いまの人間が考えるようなことは、十年、二十年前の人間も必ず考えている」

という指摘、これはまさしく、
④　先取りされた未来
の切り口そのものでもある。

酒巻氏の指摘にある通り、先取りされた未来とは、往々にして過去（そして、その延長としての現在のどこか）にすでに存在している。

ビジネスでいえば、他社や他領域・地域の成功事例をお手本にしての模倣が、当たり前のように行われている。これは言葉を換えれば、そうした成功や成果を「先取りされた未来」として利用した、と捉えることができる。酒巻氏もこう述べていた。

「よく言われることですが、アメリカの産業は、日本の同じ産業より十年進んでいます。だから、アメリカの産業を観察していれば、これから先、日本に何が来るのかわかりますよ」

これと同じ考え方を、孫正義氏は「タイムマシン経営」と呼ぶが、一口に歴史といっても、大きくいえば世界史だけだが、細かくわければ、アジア史などの地域史、日本史などの各国史、国や地域の産業史、各ジャンルの技術発達史等々とさまざまだ。そのなかに自国の産業に対して「先行する他の歴史」や、自領域の「先取りされた未来」を見つけられれば、その大きな流れを参照しつつ、技術やサービスの先取りが可能になるわけだ。

ただし、これだけでは単なる他の成功や成果、最先端事例の真似に過ぎないとも言える。酒巻氏の独創性は、「先行する他の歴史」だけではなく、「形にならなかった未来」をも、いわばタイムマシンの参照地点とした点にある。そして、「なぜ形にならなかったのか」の本質を分析することで、新たな未来を創り出していった。このような考え方は、技術開発のみならず、「未来の先取りを試みて失敗した過去の事例」が存在する領域なら広く応用可能だろう。

しかし、どうすれば「形にならなかった」事象の本質は洞察できるのだろうか。先ほどの引用で着目すべきは、

・技術的な問題
・製造コストの問題
・製品化の時期の問題

といった技術や製品化に対する「制約条件」、つまり失敗をもたらした原因を考えると

いう部分。

そもそも技術とは、さまざまな「制約条件」を乗り越えたり、緩和していくことで発展していく。この点は、コンピューターゲームもまったく同じだった。筆者は和田氏に、

「なぜ、コンピューターゲームの成長ドライバーは、コンピューターハードだと気がついたんですか」

と質問したことがある。返ってきた答えはこうだった。

「現場の技術者たちが、『ハードのスペックが上がれば、あれもこれも出来るのに』と言っているのを聞いて、ゲームの制約条件はコンピューターハードの性能だと気づいたんです。そこからですね。ゲームの進化や成長というと、どうしてもコンテンツの内容に目が行きがちなんですが、コンピューターゲームですから」

先ほどの酒巻氏の場合は、

「何が過去の制約条件であったのか、また、それを乗り越えるための条件とは何か」

を考えることが、未来を展望することに繋がっていった。

一方、和田氏の場合はゲーム開発に対する制約条件と、ムーアの法則に示されたその緩和条件の突き合わせから、コンピューターゲームの進化の道筋を読んでいったのだ。

大きな流れを考えるという場合、「制約条件」と、その撤去や緩和の可能性に対する洞察が強力な武器になることが、二人の指摘からは浮かび上がってくる。

第十一章 あり得る未来の幅、そして危機管理

未来の幅を網羅する

ビジネスの特定の業種が対象であれば「変化をもたらす本質」を読み取って、先の展開や方向性を考えることが、条件さえ揃えば可能になる。しかし、社会全体のような広大な領域になると、かかわる不確定要因が多くなりすぎて「方向性」を見定めるのも容易ではなくなる。しかし、そんな場合でも、

「あり得る未来の幅」

であれば、ある程度事前に洞察することは可能だし、それを「よりよい判断」の基盤にすることもできる。

まず、さわかみ投信の創業者である澤上篤人氏の発言をご紹介しよう。

「自分のベースはフローチャート。模造紙に、今後キーとなる言葉を次から次へと頭に浮かぶがままに置いていきます。文章だと、いま現在の価値観や思い込みが入ってしまうので、あくまで言葉だけ。当然、キーとなる言葉を模造紙一杯に書けるだけの知識が必要になります。

次に、それをポジティブと、ネガティブな展開に分けていきます。続いて、時間軸で置き換えて、最後につながりを書いていきます。それぞれ書き直すので、一回に模造紙四～五枚は使います。

今の情報はもう価格に織り込まれていて、投資価値がない。これからの展開にこそ価値がある。展開を考えるのは十年から二十年先まで推（イマジネーション）と論（ロジック）を自由自在に伸ばしていく。先の方になると、イマジネーションできても、論が追いついていかない。そのあたりに、長期投資の種がひそんでいるのです。ともあれ、イマジネーションをデータと論理で抑え込んでいく感じですね。

状況が変化すると、チャートはリニューアルしていきます。今まで千枚以上書いてきて、ある頃から、頭の中で書けるようになった、そうするとラク。頭の中で全部リニューアルできますから。いつも結果は検証するけれども、固定的や観念論的な『べき論』には、こだわらないですね。

それで、自分が持っていきたい未来の方向に投資していくわけです」

ちなみに十章で、澤上氏とウォーレン・バフェットの考え方は似ていると述べたが、一つ大きく違う点もある。それは澤上氏が、「社会がこう発展して欲しい」という方向性をもとにして投資を続けていることだ。こうした実践は「日本近代の父」である渋沢栄一と重なり合う部分が大きい。

澤上氏は、このやり方を独力で編み出したが、似た発想がビジネスにもある。それが「シナリオ・プランニング」と呼ばれるものだ。

あるビジネスの領域を考えたとき、当然、その括りは社会全体よりは狭く、不確実な要因も少なくなる。つまり、未来の選択肢の幅が狭くなるので、ビジネスで実際に活かせるように、三〜四つのシナリオに絞り込みやすい。これによって事前に先々起こり得ることに対して心づもりをしておこう、というのが「シナリオ・プランニング」の考え方になる。先読みには幅があるが、社会事象に比べれば狭いという感じだ。

もともとは戦後、軍事計画に使われていた手法だったが、ビジネスに転用され、石油会社のシェルが一九七三年の第一次石油ショックを予測したことで一躍有名になった。

当時、世界中で石油消費量が急増していた。アメリカも、自国の産出量だけで国内消費をまかなえないようになっていた。しかも一九六七年の第三次中東戦争（イスラエルVSエジプト、シリア、ヨルダン）で西欧諸国はイスラエル側を支持、アラブの石油産出国の間ではそれに対する反発が広がっていた。

この状況を踏まえ、シェルのプランナーだったピエール・ワックは、石油価格が維持されるシナリオと、暴騰するシナリオの二つを会社に提出。一九七三年に第四次中東戦争が起こると、実際に石油価格が約四倍に跳ね上がった。

この石油危機に対するシナリオを持っていたシェルだけが、大手石油会社の中でうまく事態に対処し得たのだ。結果として、七大石油会社の中で最も弱小だったシェルは、八年後に規模で二位、利益率では一位にまで躍り出た。

シナリオ・プランニング

こうしたシナリオ・プランニングの手法を、実際に企業の戦略立案や研修の現場で実践しているコンサルタントの松岡泰之（やすゆき）氏は、次のように語っていた。

「本質的に未来は不確実であり予測できません。ただし、起こり得るいくつかの未来シナリオをパターン認識することは、客観的に可能です。自社を待ち受ける複数の未来の可能性を知っておくことで、未来に備えて事業のあり方や、組織の能力、リソース配分を柔軟に変えておきましょうということなんです。

まず、主観をいったんすべて捨てます。成功体験が強かったり、長く続いている企業では、どうしても組織の中から外を見てしまう。そうすると、『視野を広く』と言っても、自社の事業の延長線上にある未来しか見えなくなります。そこにあるのは自分たちにとっての『期待』『不安』『願い』であり、そのまま分析しても、結論は『不確実性の高い未来に張るよりは、確実にある眼の前の事業を精一杯進めるのが一番リスクが少ない』つまりは『〈いま、ここ〉でやるべきことをもっと頑張ろう』となってしまいます。

この意味では、世の中に溢れる『未来予測』は要注意。主観やポジショントークが無意識の前提になって、特定の未来パターンにフォーカスして作られている場合が多いからです。だからいったんすべて主観を捨てて、良い悪いではなく、客観的・論理的に起こり得るか起こり得ないかで考えていきます。主観を排除するための工夫として、さまざまなバックグラウンドを持つ多様なメンバーで分析を進めることも重要です。

最初にすべきは、『我々の仕事の本質は何なのか』、つまり事業領域をゼロベースで定義することです。たとえば自動車部品の会社が自動車部品の未来を考えても、自動車業界そのものの未来の中の一つの側面でしかありません。さらに先の未来を予測するならば、自動車業界も『人々の移動形態』の一つの側面になっていきます。自動車部品単独の未来予測は存在せず、『人々は未来世界でどう移動しているのか』を予測し、企業としての『変身』を検討する必要があります。自社が社会に与えている本質的な価値は何なのか、定義をすることが未来予測の出発点です。

定義が終わったら、その領域を取り巻くトレンド情報を、強制的に、しかも抜け漏れなく集めます。このとき、関連する社会や経済、政治、技術、環境問題など社会全体の変化動向はもちろん、ビジネスで使うファイブ・フォース分析やバリューチェーン分析などのフレームワークを用いて、業界の内部構造まで含めて抜け漏れのないトレンド情報の収集を行います。

集めたトレンド情報が大量に――キングファイル一冊分くらい入ったら、一つひとつの情報を『確実／不確実』『重要／重要じゃない』『時代に特徴的／普遍的』などの特徴ごとに切り分けていきます。

こうやって、一つひとつの情報を深掘りしていくと、気づくことがあります。一つひとつのトレンド情報は、一見バラバラなようで、根底に流れる文脈がお互いに深く繋がり合い、影響し合っているのです。そこで、整理したトレンド情報の『因果関係』に着目して、未来トレンド情報を構造化していきます。すると、この事業領域の未来が、おおよそいくつの因果関係の幹で構成されていくのかが見えてきます。最後に、この分析を俯瞰しながら、四〜六個の未来シナリオに集約していきます。

おそらく、キングファイル一冊分にまとめた未来トレンド情報すべてを組み合わせれば、未来はどこかに落ちるでしょう。しかしそれではあまりに膨大な可能性のリストになってしまい、企業の現場では引き出しに仕舞われるのが関の山。経営には活かせないので、できるかぎり最小のパターンで、起こり得る未来の幅を網羅できるよう分析を進めます。

最後に、構築した複数の未来シナリオの一つひとつを、未来小説でも書くように緻密化していきます。そのときも、技術領域とか自社商材とか、特定の視野にフォーカスするのではなく、それぞれの未来パターンにおいて社会全体がどうなっているのか、業界の上流から下流まで、さまざまな企業がどういう状況にあるのか、顧客のニーズや意思決定はどう変わっているのか、結局この事業領域における成功の鍵は何なのか、未来を立体的に描き出します」

つながりを作るために

では、こうした未来シナリオを作ることによって何が可能になるのか。松岡氏はさらにこう述べていた。

「それぞれの未来シナリオが、我が社がどう変わるべきか、何を備えておくべきかの示唆を教えてくれます。それぞれの示唆に共通要素があれば、それは『どの未来が来てもやるべきこと、後回し厳禁、いますぐに取り組むべき』だし、特定の未来パターンにおいてのみ発動する示唆であれば、他社が『不確実でリスクが高い』と躊躇（ちゅうちょ）している間に、先んじてその未来に『賭ける』ことも可能になります。

もちろん、その未来が出現しない可能性もあるので、何が起きたら我々の読みは正しいと判断するのか、まだ起きていない先行指標を未来に定めておき、シナリオ策定後、何年にもわたって定期的にニュースやリサーチをチェックして時代の動きをモニタリングします。予想した先行指標が起きなければ、その時点で『どの未来パターンに賭けるのか』を変えればよいのです。こうしておけば、論理的には『未来はマネジメント可能』になります。

シナリオプランニングをやっておくと、何か起こったときに、『これはすでに予測していた、あのパターンだな』とわかるんです。次に何が起こるのか、未来はどこへ向かっていくのか、先の展開も予測して対策を練っていますから、慌てずに済みます」

ただし、松岡氏はこんな注意点にも触れていた。

「大量に集めてきた未来トレンド情報をワーッと並べて『つながりを作ってください』といって、すぐにできる人と、まったくできない人がいます。その違いは、ニュースの文字面しか読まない人と、きちんと記事の中身を自分なりに考えながら読む人の違いなんだと思います。ニュースそのものだけをインプットするのか、『なぜ』を伴ってインプットするのかの差ですね。文字面だけを追ってしまうと、背景や文脈がよくわからないので、他と関係づけられないんですね。きちんと読めば、背景や文脈は書いてあったりするんですが」

これは現代が抱える問題を、えぐる指摘だろう。

記事の文字面だけを何となく追ったり、さらにはネットニュースの見出しや記事の要約だけを読んでも、情報が取れた気になってしまうが、しかし「なぜそれが起こったか」「なぜその結論になったのか」の背景や文脈はすっぽり抜け落ちてしまったりする。

大森義夫氏にもこんな指摘がある。

「文化や文脈を知らないと、情報はうまく解釈ができない。事大主義(じだい)（定見なく権威や権力に従うのを良しとすること）、瑣末(さまつ)なことの増幅が起こってしまう」

ある情報の持つ意味を正確に解釈したければ、その情報に付随する文化や文脈を理解する必要がある。そのためには記事全体を読み込むとともに、三、四章でとりあげた「幅広い知識や教養」を学ぶことが欠かせなくなる。こうした前提部分に漏れがあると、情報同士の繋がりもわからず、権威に寄りかかった判断や、物事の軽重をわきまえない判断しかできなくなってしまうのだ。

危機管理の手法

さて、ここまで「全体の流れや機会（天の時）、環境を知る（地の利）」を見てきたが、ここからはそんな努力が無に帰してしまうような、いわば真逆の状況について考察してみたい。それが、

「想定外の事態が起こって、入ってくる情報が正確かどうかわからず、現状が正確につかめないまま、何かを即座に判断しなければならないとき」

つまり「危機管理」の状況だ。

大災害や不慮の事故、突然の不祥事の発覚といった緊急事態は、思ってもみないときにやって来る。まさしく寺田寅彦の「天災は忘れた頃に来る」という格言そのままだ。とくに近年は、百年に一度クラスの金融危機や大地震、予想外のパンデミックが日本や世界を襲ったりもした。

もちろん、いずれも過去を探せば対処の助けになるような参照事例があったりもするが、まずは迫りくる危機に対処しなければならない。ゆっくり考えているヒマなどないのだ。

大森氏は、著書のなかで次のように述べている。

緊急事態への対処は時間との闘いで、一〇〇%状況が把握できるのを待ってから対処の局面に進んだり、具体的な対処策を立案することはありえない。実際には最悪の状況を常に念頭に置きながら、状況が五〇%か四〇%判明した時点で動き出すが、判明したと思っていた状況の五〇%から六〇%が誤りであることもまれではない。（中略）危機管理を専門に担当するために置かれた内閣危機管理監は行政府に属する職員ではあるが、「とりあえず判断することが許された者」「一〇〇点満点の判断ではなく、赤点ぎりぎりの四一点の判断を行うことが許された者」である。[10]

注目すべきは「赤点ぎりぎりの四一点」という指摘。限定された不確かな情報しかなく、状況把握がきちんと出来ていない中では、一〇〇%正しい判断など誰もできない。判断を間違うことが前提になるのだ。大森氏は、「情報は後から見ると『ある』。正解も。しかし、決定的な情報は少ない」とも述べていた。確かに、誰でも後知恵ならば正解にたどりつける。しかし情報の確度が摑めない渦中にいては、確率の乱高下に揉まれ続けるしかない。

10　『「危機管理途上国」日本――万一の事態にどこまで対応できるのか？』大森義夫　PHP研究所　二〇〇〇年

ただし、それに甘えて赤点以下の判断を続けて、政府レベルでいえば「日本が崩壊しました」「経済が破綻しました」「交渉で金だけとられました」では話にならない。まずは赤点をクリアできる判断を下すことが、こうした時の基本になる。

極端なことを言えば、「その時点でベストに見える判断」を捨てて、まずは「負けない判断」をする必要が、場合によっては出てくる。限定された不確かな情報から下手に「完璧な判断」をしてしまうと、その情報が間違いだとわかったときに致命傷になりかねないのだ。

しかし、かといって「赤点ぎりぎり」の四一点の判断ばかり続けていても、事態は収拾できない。この点を筆者が大森氏に質問すると、こんな答が返ってきた。

「危機管理では、二の矢、三の矢をどうするかが非常に重要。日本はそこで巻き返すのが遅いのが問題です」

危機に直面して、正確な情報が明らかになってきたら、当初の「赤点ぎりぎり」の判断を軌道修正して、二の矢、三の矢を放ち、確実な事実にもとづいて事態に対処していくのがセオリーとなる。要は柔軟でなければダメなのだ。

ところが日本では、最初に決められたことが「権力者や専門家が一度口にしたことだから」「メンツがあって」などといって軌道修正されないことが、残念ながら繰り返されてもきた。

専門性五〇%、人徳五〇%

では、こうした危機に対してうまく対処できる組織のトップやリーダーとは、どのような人物なのだろうか。大森氏は著書の中でこう記している。

危機に強いトップの資質とは何だろうか。筆者の実感からいうと、経験に裏づけられたエキスパティーズ（引用者注：専門性のこと）が五〇%、身に備わった人徳が五〇%であろうと考える。ことばは古いが「人徳」がなければ下の者は動かない。[11]

なぜ、「エキスパティーズが五〇%、身に備わった人徳が五〇%」という割合なのか、筆者は大森氏に直接質問したことがある。答はこうだった。

「専門に裏づけられたエキスパティーズが強すぎて、部下を見下すとダメですね。だからエキスパティーズは五〇%を超えない方がいいんです。身に備わった人徳は、人にさせる力のこと」

11 『「危機管理途上国」日本――万一の事態にどこまで対応できるのか?』大森義夫　PHP研究所　二〇〇〇年

これは軍事を例にとると、わかりやすい。

現実の戦闘に直面したとき、リーダーには敵を倒す軍人としての力量や専門性（エキスパティーズ）がまず必要になるのは言うまでもない。しかし同時に、「この人についていこう」と部下が思ってくれないと、組織として勝てなくなる。組織で何かをなし遂げたいのであれば、自分の専門性を深めるほど、それに釣り合う人徳を耕す必要が出てくるのだ。

なかでも先ほど触れた、新しい情報が入ってくるたびに、判断を覆していかなければならないような状況――下からは、当然、朝令暮改と見なされる――では、こうした人徳が不可欠になる。

四章で、教養を持ちすぎても、他人を見下してしまうことがあるという話を取り上げた。スノッブで嫌みなタイプに、それは端的だ。一方で、エキスパティーズが行き過ぎても、人は他人を見下しがちになるのだ。偉そうに振る舞ってしまう職人タイプがわかりやすい例だが、人というのは、なかなかに取り扱いが難しい生き物なのだ。

この意味で、とくに組織を率いる「勝負師」の資質には、少なくとも「傲慢にならないこと」が含まれる。実際、筆者が取材した「勝負師」たちは、驚くほどみな謙虚であり、いわゆる「上から目線」など欠片もない人々だった。

これも一つエピソードを紹介したい。

十章の最後で、筆者が、和田洋一氏を酒巻氏に紹介したという話に触れた。

その際、参考にと思って事前に和田氏の講演録や、ＳＮＳのＮＯＴＥにある文章をプリントしてキヤノン電子の秘書の方に送っておいた。それを読んでいた酒巻氏は、和田氏に会った途端、こう述べられた。

「送ってもらったのを読んで、凄すぎて、びっくりしちゃいました」

歴史に残るような実績を成し遂げ続けた八十歳になろうとする技術者・経営者にして、ここまで謙虚な物言いをする人物を、筆者は寡聞にして知らない。普通は、私も凄いが君も凄いね、くらいの態度になる。酒巻氏のそんな姿勢に、横にいた筆者の方が心の底から驚いていた。

知識と教養、そして全体の流れ

さて、このⅢ部では「全体の流れや機会（天の時）、環境を知る（地の利）」について探究してきたが、すでに三章で触れた通り、ここに深く関わってくるのが「幅広い知識と教養」に他ならない。

この部の締めとして「幅広い知識と教養」という切り口から、ここまでの内容を照らし返してみたい。

まず、「変わらないもの」「変化の本質」「先取りされた未来」などを洞察するためには、歴史や社会、心理にかかわる「一般教養」が基盤として必須になってくる。

さらにもう一つ、「大きな流れ」を感じるために不可欠なのが、自領域に影響を及ぼしてくる周辺領域の幅広い「知識」だ。ある領域が、外部に開かれれば開かれるほど、当然、その必要性は増していく。

コンピューターゲームのコンテンツが、コンピューターハードの進化に端的に影響を受けてきた経緯が良い例だが、スティーブ・ジョブズにもこんな話がある。

酒巻氏は、スティーブ・ジョブズとパソコンの共同開発をしたこともあり、ジョブズと最も仲が良かった日本人の一人だった。そして、ジョブズの強みをこう述べている。


あるとき取材の記者の人に「ジョブズ氏の成功の秘密は何だと思うか」と聞かれたことがある。私は二つの要因を挙げた。一つは温故知新で、過去に学ぶことができたこと。そしてもう一つは中庸で、非常に幅広い知識や教養の持ち主だったたことである。ソフト開発の分野での卓越した才能はもとより製造、販売、組織運営、さらには音楽、美術、工芸、日本文化まで、ジョブズ氏の育てた知識や教養、経験の森は、とてつもなく広大で深かった。[12]

注目すべきは、「開発」だけではなく「製造、販売、組織運営」の深い知識を有していたという部分。これらを持っていたからこそジョブズは、ある斬新な技術があったとして、それを世間に受け入れられる形できちんと製品化できる体制を組み、製造販売できるか否かのタイミングを見計らうことが可能だったと言うのだ。

とくにｉＰａｄやｉＰｈｏｎｅなどは、技術や製造、販売面でもっとも成熟したタイミングを見極められたからこそ成功した、と酒巻氏は述べてもいた。タイミングという意味での「天の時」を知る原動力に、「幅広い知識」を活用していたわけだ。

この点は、酒巻氏自身にも、同様の述懐がある。

酒巻氏がキヤノンに入社したとき、周囲が秀才ばかりで圧倒されてしまい、会社を辞めようかと考えたそうだ。しかし、たまたま読んだドラッカーの『経営の適格者』にヒントを得て、次のように思い直した。

専門分野を深く掘り下げる「深掘りの技術」については、彼らはスペシャリストで、自分は到底かなわない。だがしかし、彼らのようなスペシャリストを適材適所で活用する「横串の組み合わせの技術」を究めれば、彼らと伍してやっていけるのでは

12『リーダーのための伝える力――何が伝われば組織は変わるのか？』酒巻久　朝日新聞出版　二〇一四年

ないか――

それからは分野を問わず、万遍なく力をつけて総合力で勝負しようと考えた。優秀な彼らは専門分野で１００点を取る。自分には到底無理だが、60点なら何とか取れる。そう思い、数学、物理、科学、機械、電気、経理、事業計画……等々、すべての分野で60点をめざして必死で勉強した。

わからないことは先輩などに頼んで各分野のスペシャリストを教えてもらい、自分の所属する事業部はもちろん、よその事業部へもどんどん訪ねて行った。[13]

やはり徹底した周辺知識に対する学びを武器にして、加速度的に変化し続ける技術の流れに対応、約六五〇〇もの特許を取得し、新たな未来を創ることに繋げていったのだ。達人たちの振る舞いは、この点で酷似している。

しかも、こうした周辺領域の知識、それに多様な教養を徹底的に深めた上で、自分の感覚を研ぎ澄ませることによって、人は突き抜けた境地に至れるとする指摘がある。

大きな流れを感じる

和田氏は、スティーブ・ジョブズがスタンフォード大学で述べた有名なスピーチのテー

マである、

・Connecting the dots（点と点を繋げる）――自分のやってきた一見無関係な事柄が、振り返ってみると後から繋がってくる

・Stay Hungry. Stay Foolish.（愚かであれ、ハングリーであれ）

の二つについて、デジタルハリウッド大学での講演の中で、こう述べている。

「Connecting the dots

私は同じことを、打った石が活きて繋がってくると表現していたが、同じ意味だ。ただし少々解説が必要だ。表現の奥を見なければならない。

ジョブスは、ハングリーであれ、愚かであれ、と言っている。これは無闇にとびかかれという意味ではない。何事にもとらわれるなという意味を彼独自のレトリックで言っている。

ハングリーは身体が空っぽの状態、愚かは頭が空っぽの状態。とらわれないこと、これこそが彼の自由の信条だ。そしてハングリーであることは満たされるための駆動力にもなる。実は頭が空っぽも同じく駆動力になる。真空の力。

13『見抜く力』酒巻久　朝日新聞出版　二〇一五年

では、とらわれない状態でどこに進むか。

スピーチからは、何でもやっておけば、後で繋がってくると言っているように聞こえる。これと、先ほどのハングリー、愚かと合わせて、勇猛果敢に当てずっぽう、後は運に任せろ、それがシリコンバレーのドリームだ！　と話している者もいるが、そんな簡単な話のわけがない。オンラインサロンでこんな話をされたら、ただちに脱会すべきだ。

彼は彼固有の世界観をすでに持っている。虚心坦懐（きょしんたんかい）でのぞむ達意の人物なので、自らの声に従えば後で繋がってくる。

スターウォーズのフォースに聞け、あるいは、ブルースリーのdon't think. feel! とも通じる。このような発言は（バカでなければ）、何か大きな流れ、世界の理（ことわり）のようなものを信じている者から出る。

私のように打つ石の少ない者は、もう少し言語化しておかなければ効率が悪い。従って、大局観、事業でいえばビジョンを組み立てる。ビジョンを組み立てるうえで、大きな流れを感じる。

大きな流れを信じている点では実は同じだ。

ただ、胸に秘めておくだけでは、私の場合維持できない。したがって、宗教のたとえでいえば、曼荼羅を作るなり、経（きょう）を書くなりしておく必要があると思っている。

利点は２点。

1．自己の行動をシャープにし、他者も巻き込める
2．言語化しておけば、事後的に修正できる」

このコメントのさらなる意味について、筆者が和田氏に質問したさい、こんな言葉が返ってきた。

「曼荼羅や経といっても、モデルのようなものではないんです。逆にモデルを持っていないのが強み。頭が良いと、モデルの方に現実を当てはめることが出来てしまうので、かえって良くないんです。

あくまで流れ。型になる前の、ホワンとしたものを言語化できたらいいなと思っています。その流れにどう乗るのか、逆に踏み込まないのかを常に考えています」

和田氏のいう「大きな流れ」「世界の理」は、ゲームのような閉じた領域であれば、深い経験を積むことによって感じることが可能なものだ。その理路は一、二章で示した通りだ。

一方で、和田氏やジョブズのように突き抜けたレベルになると、たとえ外部に開いた領域でも、あるレベルでそれらを感じ取れるというのだ。

もちろん、そのためには経験に加えて幅広い知識、教養を積むことが必須だ。そして何より、流れを常に感じ取ろうとする姿勢が重要だとも和田氏は述べていた。

さらに、忘れてはならないのが、「虚心坦懐」——先入観を持たず、まっさらな気持ち

で物事に臨む構えを、自分の中に持つことの必要性。これがないと、いくら知識や教養を積んだとしても、歪んだレンズで世界を見、感じることになってしまう。松岡氏の指摘にあった「主観をいったん捨てます」もまったく同じ意味だ。

ただし言うはやすしで、世間のしがらみに塗れた煩悩多き人間には、これは至難の業でもある。この難問の扱い方が、次のⅣ部およびV部の大きなテーマともなる。

Ⅳ部

「己を知る」という難問

——①諫言役を持つ

第十二章

「諫言役（かんげん）」をいかに活用するか

人はやがて自分を見失う

「勝負師」たちが立てるべき三本目の柱は、

③　自分を知る

であり、もちろんこれ自体とても難しい。しかし、現実的に最も悩ましいのは、自分を知り続けることかもしれない。一時（いっとき）なら自分のことを客観視できたとしても、長く続けることは難しい。それどころか、肝心なときに自分を見失ってしまったりする。

たとえば晩節を汚したような権力者たちも、当初は自分を客観的に見ていた場合が大半だった。たとえば、次の発言のように――。


世の中に尊敬されている人物でも、本当に尊敬すべきことをやっているのは、人生のある特定の時期に限られている。私らのような者には、何かやれるのも、五、六年がせいぜい[1]

発言の主は、住友銀行の天皇といわれた磯田一郎、頭取就任のさいの言葉だ。

この発言からすれば、彼もわかっていた人物だった。しかし結局、十三年間権力を握り続け、晩年には戦後最大の経済事件といわれる「イトマン事件」を起こして失意のうちに退任、そのまま亡くなっている。

また、戦前戦後の政財界の指南番といわれた漢学者・安岡正篤（まさひろ）の高弟に、伊藤肇（はじめ）という人物がいる。記者として、当時の政財界のトップと交遊を重ねた経験をもとに、こんな述

1 『権力と組織――組織のなかからの組織論』森雄繁 白桃書房 一九九八年

懐を残した。

財界においては、実力者といわれた連中でも、亡くなった日から逆算して三年間にやったことはすべて失敗である。[2]

最初は立派だったはずの人物が、晩節を汚す——これは残念ながら、現代でもいろいろな組織で繰り返されている。判断力が衰え、自分を見失った権力者の首に、誰も鈴がつけられなくなるのも大きな理由だ。

こんな大げさな例でなくても、強いプレッシャーの下にいたり、感情的になっているとき、困難な問題に直面するとき、われわれはしばしば自分を見失う。しかし、それでは「人にまさる判断」などできない。ましてや「虚心坦懐」になって、大きな流れが感じ取れるはずもない。

では、どうすればこうした落とし穴を避けることが出来るのだろうか。

他人との繋がりを使うか、使わないかという違いで、方向性の異なる二つのやり方がここにはある。

このⅣ部では、まず他人との繋がりを使う方法——「諫言役」の活用を見ていく。

「諫言」の三つの効果

筆者の専門とする中国の古典では、とくに権力者が、諫言役から耳の痛いことを言われて、我が身を正すという道筋を非常に重視し、また探究してきた。本章ではこの点を踏まえて、他章とはやや毛色が異なり、中国古典の教えや故事を中心にお送りする。

まず有名な古典の言葉を見ていこう。『韓詩外伝』という本には、こんな言葉がある。

事あるごとに直言する臣下がいる国は栄え、肝心なときに沈黙をきめこむへつらい者ばかりいる国は滅亡を免れない（諤諤たる争臣あれば、その国昌え、黙黙たる諛臣あれば、その国亡ぶ）[3]

さらに、孔子が弟子に教えるのに使っていたテキスト『書経』。

2『人間学――人生の原則行動の原理』伊藤肇　ＰＨＰ文庫　一九八六年
3『韓詩外伝』巻十

薬は、めまいがするほど強くなければ、病気を治すことができない（薬、瞑眩せずんば、その疾癒えず）[4]

薬とは、諫言の比喩だ。クラッとするほど強い言葉をいわれて、はじめて効き目があるというのだ。

さらに、性悪説で有名な『荀子』にもこんな言葉がある。

王たる者は、自分を教え導いてくれる師を持てば天下の王者となれる。自分を諭してくれる友人がいれば覇者となれる（諸侯、自ら師を得る者は王たり、友を得る者は覇たり）[5]

厳しい諫言をしてくれる家臣が大国に四人いれば、領土を削られるような失態はしない（万乗の国に争臣四人あれば封疆削られず）[6]

こうした諫言には、次のような三つの効果が期待されている。

①あるべき道、正しい道が確立されているような状況であれば、そこから逸れてしまったときに指摘を受け、軌道修正する。たとえば中国では、歴史的に四書五経といった古典

に描かれた政治のあり方が理想とされ、その文言をもとに諫言が行われた。
②「自分」という狭い枠からだけ物事を見ていると、必ず見落としがあるし、自らのバイアスで対象を歪めて見てしまう。しかも、自分ではそれに気づきにくい。「こんな見落としがある」「こんな色眼鏡で見ている」と指摘してもらい、補正する。
③とくに権力者は、長年、権力を持ち続けると、必ず驕りや慢心、緩みが出る。そうした驕りや慢心、緩みを指摘してもらい、堕落しないようにする。
さらに、最後にあげた『荀子』の引用が二つあるのには、意味がある。この『荀子』の教えからは、諫言とは、三つの違う方向性から受けて初めて効果がある、と考えられるようになったのだ。

4　『書経』説命上篇
5　『荀子』堯問篇
6　『荀子』子道篇

三方向からの諫言

まず、諫言役として持つべきが、師。

師とは、いうなれば大所高所に立って、上から目線で「お前は最近、心得違いをしているのではないか」「目先のことにとらわれておる」などと、厳しいことを言ってくれる人だ。①のあるべき道、正しい道から外れるのを防ぐのに、とりわけ効果を発揮する。

二つ目は、友人や幕賓(ばくひん)。

幕賓とは、本来は一匹狼のような存在だが、事情があって組織に関わっている人材をいう。現代に引き付けるなら、ヤクザにおける客分(きゃくぶん)、経営者にとっての弁護士や会計士、個人にとってのフィナンシャルプランナーなど各種の専門家と考えるとわかりやすい。

友人もそうだが、フラットな目線、自分とは異なった視点からものを言ってくれる人だ。②の「自分」という枠にとらわれた狭いものの見方を超えるために、とくに有効な存在だ。

三つ目が、側近や部下。

側近や部下とは、いうまでもなく、組織において下からいろいろと突き上げてくれる人だ。

筆者は企業研修などで、よくこんな質問をする。

「会社のなかで、みなさんのことを一番よく理解している人は誰ですか」

もちろん、返ってくる答は、上司や職場の同僚、同期などさまざまだが、案外出てこない答えに「部下」がある。

しかし、おそらくこの答は「部下」なのだ。なぜなら、みなさんもご経験あると思うが、上司というのは下から見ると丸見えなのだ。ところが自分が上の立場になると、それを忘れてしまいがちとなる。

つまり、部下からの諫言とは、自分のことを継続的に見ていて、しかも一番理解している人からの言葉に他ならない。

実は、物事なべてこういう傾向があり、「下から目線」で見た方が確実にその実態がよくわかったりする。親にとっての子供など、まさしくそうした存在だ。③の驕りや慢心が出たときに、わけても必要となる。

この「師」「友人・幕賓」「側近・部下」という三方向から耳の痛いことを言われて、人は初めて自分の本当の姿を理解したり、見失わずに済むというのだ。

敵やライバルだからこそ

さらに、「諫言役」にはうってつけのタイプがいる。それは、みなさんの強みと弱みを客観的に誰よりも熟知している人物だ。

　筆者は、やはり企業研修でこんな質問をする。

「みなさんの会社、ないしは事業のことを一番わかっているのは、誰だと思いますか」

　答として挙がってくるのは、社長、社外取締役、自分の上司、顧客、取引先、株主などが多い。もちろん一つだけの正しい答はないのだが、中国の歴史から浮かび上がる知恵として、筆者はこんな説明をする。

「それは、みなさんの敵やライバルです。

　なぜなら、敵やライバルはみなさんを倒そうと、その強みと弱みを徹底的に探っているから。ですから、敵やライバルが自分の諫言役になってくれれば、これ以上うってつけの人材はいません」

　実は、中国史の英雄というのは、元敵やライバルを自分の参謀役や諫言役にしている人物が数多い。

　たとえば春秋時代、最初の「覇者」と言われた斉(せい)の桓公(かんこう)と、その宰相だった管仲(かんちゅう)。

『三国志』の時代、最大勢力を誇った魏の曹操と、その参謀だった賈詡(かく)。

　管仲も賈詡も、もともとは敵の参謀であり、桓公と曹操を倒そうとした経歴を持つ。しかし、許されて仕えると主君の覇業の原動力となっていった。

　さらに、敵やライバルの目線を活かした諫言に焦点をあてるなら、『貞観政要(じょうがんせいよう)』という古典にうってつけの例がある。

『貞観政要』とは、権力者が臣下から諫言を受けつつ素晴しい政治を行う、という道筋を学ぶための、最も基本的な中国古典のテキストに他ならない。唐代の歴史家・呉兢が編纂し、日本でいえば北条政子や徳川家康、明治天皇が愛読している。

この本の主人公ともいうべき存在が、唐王朝の第二代皇帝・太宗（本名は李世民）であり、彼が多くの家臣から諫言を受ける形の問答が全編を貫く。彼に諫言する家臣は数多いが、そのなかでも中心的な二人が魏徴と王珪だ。そしてこの二人は、ともに敵の参謀だったことがあり、しかも、太宗を殺害する計画を別個に立てた経歴を持つ。

しかし二人が投降してくると、太宗は召し抱えて、諫言役とした。とくに魏徴は二百回以上にわたり太宗に諫言し、そのほとんどを太宗は聞き入れるという関係を作っている。

実際の諫言の様子を一つご紹介しよう（強調の傍線は筆者）。

貞観十二年、太宗は、東方巡視に出て洛陽に向かう途次、顕仁宮に宿泊した。そのときのこと、宮苑の係官を大勢処罰したところ、門下省長官の魏徴がこう言って太宗を諫めた。

「陛下がこのたび洛陽に行幸されるのは、かつて陛下みずから遠征軍を率いて鎮撫にあたったゆかりの地であるがため、その安定を願い、土地の故老に恩恵を加えようとのお気持ちでありましょう。

ところが、城内の民に恩恵を加えないうちに、宮苑管理の役人を処罰される。しかもその罪状たるや、供奉（ぐぶ）の準備が不十分であったとか、食事の用意がなかったとか、いずれも取るに足らぬ事柄であります。それをあえて処罰されようとするのは、陛下のお気持ちが足ることを忘れ、奢侈（しゃし）に傾いているからに他なりません。これでは、何のための行幸であったのか理解に苦しみますし、人民の期待にそむくことにもなりましょう。

隋（ずい）の煬帝（ようてい）（本名は楊広。一般には「ようだい」と読まれる）は、巡視のたびに下々の者に命じて、食事をととのえさせ、それが意にそわなければ、ただちに関係者を処罰しました。上の好むところ、下これを見習うとか。ために隋は、君臣こぞって奢侈に流れ、ついに国を滅ぼしてしまいました。これは、書籍をひも解くことによって知り得たことではなく、陛下がその目で親しくご覧になったところであります。あまりの無道さに、天もついに隋を見限り、陛下に命じてこれに取って代わらせました。したがって陛下は今、何事につけ気を引きしめて倹約を旨とし、子孫のよき手本とならねばならぬ立場にあります。

ところが何たることでありましょうか、こともあろうに煬帝ごときの真似をなさるとは！　陛下がもし足ることを知って奢侈を戒めれば、これから先、子孫もまたそれ

を見習いましょう。もし足ることを忘れて奢侈に走るようなことがあれば、今日に万倍する贅沢をしても、あき足りなくなりますぞ」

魏徴のただならぬ気配に、太宗は深く感じるところがあった。

「うむ、よくぞ申してくれた。今後は十分気を付けるであろう。今日のところは許してほしい」[7]

これは単に部下が、上司に諫言しているという絵柄ではない。その場での処刑を命じ得る絶対権力を持つ皇帝に対して、家臣がここまで直言し、皇帝も謝罪してそれを聞き入れているのだ。言う側、聞き入れる側ともに尋常ではない覚悟と度量があって、初めて成り立つ関係なのだ。

諫言する側、される側、それぞれの事情

太宗と魏徴や王珪が、君臣の理想的な関係を打ち立てられたのは、先ほど触れたように

7　『貞観政要』行幸篇

魏徴と王珪が、敵の立場から太宗のことを客観的に見て、強みと弱みを熟知していたから、という理由がまずある。

さらに、諫言する魏徴と王珪、諫言される太宗、それぞれに理想的な関係を築き得る事情を持っていた。

まず、魏徴、王珪からすると、もともと自分たちは敵の側にいて太宗を殺そうとした人物だ。つまり、処刑されて当然の存在だったのだ。ところが太宗は、そんな自分たちを殺さず、しかも諫言役に抜擢してくれた——

彼らは、いわば一度死んだ身なのだ。だからこそ、たとえ殺されても太宗に諫言すべきところは諫言する、という強い覚悟を持つことができた。実際、魏徴はこんな言葉を残している。

どうか私のあさはかな考えにも採るべきところがあり、陛下のなさることのご参考になりますように。そうであったなら、たとえ陛下のお怒りに触れても、死ぬ日こそ私の生涯と思い、死刑も甘んじてお受けいたします（冀（こいねが）はくは、千慮の一得、袞職（ほうしょく）、補いあらんことを。すなわち死するの日はなお生けるの年のごとし。甘んじて斧鉞（ふえつ）に従わん）[8]

今の会社でいえば、「いつ辞めてもいいや」と思っているような社員だからこそ、社長などにズケズケ本音が言えるのと同じことだ。魏徴は「人生、意気に感ず」という有名な詩句の作者でもあった。完全に腹がすわった人物だったのだ。

しかも、魏徴は太宗より十八歳年上、王珪に至っては二十七歳も年上だった。年の差がある分、魏徴も王珪も諫言しやすい面もあった。

一方で太宗の側にも事情があった。

太宗には、反面教師としていた人物がいた。それが一つ前の隋王朝、最後の皇帝である煬帝だ。煬帝は、もともと次男であり、長男の楊勇が皇太子だった。しかし、謀略を使って兄を追い落とし、自分が皇帝になると兄を殺害した。

一方、唐の太宗も次男であり、「玄武門（げんぶもん）の変」という事件を起こして、皇太子であった長男と、さらに三男を殺害している。その後、父の高祖にそれを報告、父はショックで皇帝を引退し、太宗が二代皇帝になった。

もちろん歴史的な事件ゆえ、両者ともに真相は定かではない。しかし、外形的な事実からいえば、本来は皇太子であった人間を追い落とし、殺害し、その地位を奪って皇帝になったことで二人とも共通している。

煬帝というのは、中国史上指折りの暴君という評価を受けている（ただし隋王朝の歴史書『隋史』は、それを倒した唐王朝の当事者たちの手による編纂のため信憑性に欠けるという指摘もある）。そして太宗も、こと即位に関しては同じ誹り（そし）を免れない面があった。

太宗はこの汚名を返上したかったのだ。そうでないと、反面教師であったはずの煬帝と同じで、人の道に反した皇帝として後世に名前が残りかねない。

では、どうするのか。とにかくいい政治を続けて評価をあげ、即位時の汚点を消していくしかない。そのためには、命を張って諫言してくれる家臣を持ち、それを受け入れて、誰もが認める素晴らしい政治を実現するしかないと腹をくくったのだ。だからこそ、太宗は「なぜわざわざ敵陣営などから」という周囲の反対を押し切って魏徴・王珪を抜擢し、その諫言を受け入れ続けた。

敵側にいて強みと弱みを知り尽くし、しかも一度死んだ身だと考えて直言し続ける家臣と、絶賛される政治を実現しない限り悪名が歴史に残る皇帝――この組み合わせあってこそ、理想の関係が継続し得たのだ。

実はこの意味で、太宗と魏徴・王珪との関係は、理想的過ぎてやや後世の参考としづらい面がある。そこで、そのエッセンスをいくつかにバラしつつ、われわれが使える諫言役の形を探ってみよう。

第十三章 「諫言役」の知恵をバラして使う

「敵やライバルの視点」の効用

まず、敵やライバルだからこそ、こちらのことを誰よりもわかっている、という側面についで。

これは古今の偉人たちが意識していたことであり、たとえば安田財閥の創始者・安田善次郎にこんな指摘がある。

誰しも人から悪口をいわれると、一時はよい気持ちがしない。誤解を受ければ、それを弁解したいと思うのは人情である。けれども私はいずれの場合にも、「これは天が言わさせていることである」「自分の注意が足りないところを、天がいましめられているのである」と受け取って、必ずみずからを反省して将来をいましめるのである。「汝の敵を愛せよ」という言葉は、この場合においてもっとも適切であると思われる。

普通の友人は、自分に対して気持ちに逆らうようなことはなるべく遠慮して言わない。けれども敵であれば、自分の欠点や短所を遠慮なく暴露する。自分が自分の過ちや失敗を覚ることができない場合に、敵は遠慮なく真実を指摘してくれる。だからそれを取り入れて、これを後日のいましめとして自分を磨けば、敵の私に対する悪口は、私を大いにはげましてくれる忠告の言葉となる。誹謗は、私の真実を映す鏡ではないか。

こう考えてみれば、敵は私を鼓舞し、激励させるための良き友である。だから「汝の敵を愛せよ」という古言は、本当に金言である。[9]

安田善次郎は当時、政府予算の七分の一の財産を築いたといわれる、明治から昭和初期までを代表する実業人だ。彼の成功の裏には、敵やライバルを「良き友」とする発想があったのだ。

これとまったく同じ発想を、自衛隊の幹部からも聞いたことがある。

筆者の勉強会に来ていた航空自衛隊の空将に、

「日本の自衛隊は優秀で強いという本を、よく書店で見かけますが、ああいう本って読んだりするのですか」

と尋ねたことがある。返ってきた答はこうだった。

「そういう本は読みません。逆に、どちらかといえば自衛隊に批判的な本をよく読みます。そういった方が、実態を反映していると思いますし」

日本の自衛隊には、本当に優秀な人がいると感じた瞬間だった。

さらに、ビジネスでの例を見てみよう。

十章でも触れたように、一九七〇年代前半から八〇年代にかけて、キリンビールはビールシェア六〇％以上をとり続けるという圧倒的な強さを見せていた。一方、アサヒビールは一九八五年にシェア一〇％を切ってしまい、明日潰れてもおかしくない、という状況ま

9『現代語訳、意志の力』安田善次郎　守屋淳訳　星海社新書　二〇一四年

で追い込まれていた。

このとき住友銀行から、落下傘でアサヒの社長になったのが樋口廣太郎だった。彼は社長に就任すると、ライバル会社を訪ねて、「アサヒのどこがダメだか教えてください」と聞いて回ったのだ。

（キリンビールの会長）小西さんは即座に、

「品質第一」

と答えてくださった。そこで、

「品質第一の根本はなんですか」

と聞いてみたら、

「それは原材料に金を惜しまないこと。あなたのところはもうちょっといい原材料を使った方がいい」

とおっしゃる。そして、今度はサッポロビールに出かけてみたところ、河合晃二会長（当時）と高桑義高社長（当時）もまた素直に、

「おたくには古いビールが多いようだが、ビールで大事なのは常に新しくなければならないことです。フレッシュローテーションですよ」

というありがたいアドバイスをいただきました。[10]

ライバルたちは、どうせ潰れかけの会社だし、銀行から来た素人なので、本当のことを教えてやろうと、正しく問題を指摘してくれたのだ。その後アサヒが立ち直れた理由はいくつかあるが、その大きな一つは樋口社長がライバルからの忠告をそのまま実行したことにあった。

ライバルだからこそ、こちらの強みと弱み、とりわけ自分の見えていない死角を誰よりも正確に見抜いていた面があるのだ。

さらに、もう一歩踏み込んで、敵やライバルだった人材を実際に自らの組織に加えたという実際の例はあるのか。一時期、韓国や中国のメーカーが、引退した日本の技術者を大量に雇い、その教えを受けて力を付けていった経緯がそれに当たるだろう。

ただしこれは稀な例であり、中国の英雄たちのように敵やライバルを実際に自分の諫言役に迎えるというのは、現実的にはなかなか難しい。

そこで、もう少し条件を緩めて、「敵やライバルの視点」をいかにうまく自分やその組織に取り込めるか、という観点で、現代ではいろいろな手法が試みられている。

10『チャンスは貯金できない』樋口廣太郎　知的生き方文庫　一九九九年

「レッドチーム」と「ライバルからなるチーム」

まず、諜報機関や軍、セキュリティの世界で使われているのが「レッドチーム」という手法だ。アメリカ軍では二〇〇〇年代から正式に標準プログラムに取り入れられ、以後、企業などでも採用されている。

「レッドチーム」とは、組織の中から、わざと敵やライバルの側に立つ人材を選抜し、チームを編成。その上で、こちらにバーチャルな攻撃を仕掛けたり、徹底的にあらを探したり、反論をぶつけるなどして、セキュリティシステムや諜報、作戦計画、軍隊自体の脆弱（ぜいじゃく）性を指摘し、改善をうながす役目を担う。

この方式はビジネスでも取り入れられ始めていて、日本のある外資系企業にもこんな例がある。

その会社では、中堅社員を五人ずつ二つのチームに分けて、

「土俵を引っ繰り返すことも含めてライバルが自社を潰す方策を考えてこい、お互いのチームは連絡禁止」

と命じて、半年後に社長にプレゼンするというプロジェクトを実施していた。いずれも敵の視点を得ることで、「自社」という内側の狭い枠からの見落としや、脆弱性を知る機会を作ろうとしたのだ。

さらに、諫言役としての役割③の「驕りや慢心、緩みを指摘してもらい、堕落しないようにする」という観点を重視するなら、権力者が自分の周りを「敵対的」な人間ばかりにすることでも、十分に効果が得られる。

南北戦争や奴隷解放宣言で名高いアメリカ大統領エイブラハム・リンカーンに、こんな例がある。

エイブラハム・リンカーンは敵対するウィリアム・スワードとサイモン・チェイスを大統領顧問団に入れることにした。歴史家のドリス・カーンズ・グッドウィンの記憶に残る表現によれば、彼は「ライバルからなるチーム」を選んでいたのだ。[11]

これと同じ事例が、日本を代表する大企業にもあった。

その企業では、昔、役員人事についての不文律が存在していた。その会社には、いくつかの派閥があるのだが、ある派閥から社長が出ると、それまでの役員は全員辞任して、新任社長は、自分以外の派閥から役員を選ばなければならない。ただし、それだと息が詰ま

11『あなたの知らない脳――意識は傍観者である』デイヴィッド・イーグルトン　大田直子訳　ハヤカワ文庫　二〇一六年

りすぎるので、遊び相手を一人だけ自派閥から選んでいい、と。

この不文律が続いていた期間、その会社は日本を代表する企業であり続けていた。しかし、ある社長がこれを辞めてしまい、それも一つのきっかけとなって凋落が始まってしまった――

全能感を持たなかった権力者

「敵やライバルの視点」とまではいかなくても、自分自身や、自分のやっていることを客観視する手助けになるという意味では、コーチングのコーチやコンサルタント、会計士や弁護士といった人々も、ビジネスパーソンにとっては諫言役の代替になる面がある。

ことにコーチングは、さまざまな質問を通して、本人が自分をメタ認知できるように促していく技法があり、アメリカではエグゼクティブに対するコーチングが非常に盛んだ。また、コンサルタントや会計士、弁護士も、多様なものの見方を提供してくれるという意味で、メタ認知を進めてくれる効果を持つ。

こうしたやり方は、もう少しやわらかくいえば、意見の一致を回避するという考え方とも通じてくる。ピーター・ドラッカーにこんな指摘がある。

成果をあげるには、教科書のいうような意見の一致ではなく、意見の不一致を生み

出さなければならない。満場一致を求めるようなものではない。相反する意見の衝突、異なる視点との対話、異なる判断の間の選択があって、初めてよく行ないうる。したがって、決定においてもっとも重要なことは、意見の不一致が存在しないときには、決定を行なうべきではないということである。[12]

しかし、いったん権力者が驕りや慢心に侵されると、周りをイエスマンで固め、みずからの脅威になりそうな人間を徹底的に遠ざけるようになる。敵の視点など一顧だにしなくなり、身内の権力闘争にばかり長けて、外で戦う能力を失っていく。そして、自分を見失った者の判断は必ず劣化していく。

先ほど、『貞観政要』の日本における愛読者に北条政子、徳川家康、明治天皇がいると述べたが、この三人には、次のような指摘がある。

全能感をもたなかった権力者といえば頼朝と初期の北条氏、そして徳川家康であろ

12『プロフェッショナルの条件——いかに成果を上げ、成長するか』P・F・ドラッカー　上田惇生編訳　ダイヤモンド社　二〇〇〇年

う。ともに、『貞観政要』から強い影響を受けたと思われる人々である。[13]

付け加えるなら、これは明治天皇も同じだった。

たとえば明治の初期、明治天皇の名前で出された教育に対する公的な文章に対し、伊藤博文が自分の名前でそれに反論する公的な文章を出している（実際の執筆者はともに別にいた）。下が異論反論をきちんと言える環境の中で、北条氏や徳川家康、明治天皇は物事を決めていったのだ。その結果、鎌倉幕府、徳川幕府、近代日本という長く続くシステムの根幹ができあがっていった。

現代で魏徴を求めるとしたら

組織においては適切な「諫言役」がいてくれれば、それはとても理想的なのだが、現実には大きな壁があるのも事実だ。

まず、部下の側としては、上に厳しいことを告げにくいという心理的な障壁がある。何せ、上は権力を握っているのだ。虎の尾を踏んでしまえば、何をされるかわからない。

『貞観政要』にもこんな問答がある。

「近ごろ、臣下の中にとんと意見を申し述べる者が見当たらぬ、いったいどうしたことじゃ」

と太宗が尋ねると、魏徴が答えた。

「陛下は虚心になって臣下の意見に耳を傾けてきました。どしどし意見を申し述べる者があってしかるべきです。古人も『信頼されていないのに諫言すれば、アラ探しばかりする奴だと思われる。しかし、信頼されているのに諫言しないのは、給料泥棒だ』と言っています。しかし、同じように沈黙を守るにしても、人それぞれに理由が異なっています。意思の弱い者は、心で思っていても口に出すことができません。平素、お側に仕えたことがない者は、信頼のないことを恐れて、めったなことは口にできません。また、地位に恋々としている者は、ヘタなことを口にしたらせっかくの地位を失うのではないかと、これまた積極的に発言しようとしません。みながみな口を閉ざしてひたすら沈黙を守っているのは、これが理由であります[14]」

13『帝王学――「貞観政要」の読み方』山本七平　日経ビジネス人文庫　一九八三年

14『貞観政要』求諫篇

残念ながら、千数百年以上を経た今でもほとんど変わらない指摘ではないだろうか。

ちなみに、こうした観点から、退職の決まった社員に対して、社長が直接長い面接をして、会社の問題点を指摘してもらうという会社もある。もう組織や上司に遠慮する必要がなく、ものが言いやすいのを利用するわけだ。それでも男性社員はほとんど本音を言わずに去るが、女性社員はかなりシビアに会社の実態を指摘してくれるそうだ。

さらに、諫言を受ける側も、自分が傷つくような言葉は、受け入れ難いのが人情だったりする。普段から「厳しいことをぜひ言って欲しい」と口にしている人物が、本当に言われるとムッとしてしまい、言った人間をよそに飛ばしてしまうという話はよく聞くところだ。

では、こうした障壁を乗り越えて、理想的な関係を作るのには何が必要なのだろう。

まず、「諫言される側の心理」から考えてみよう。

諫言とは、受ける側からすれば、自分が見えていない事柄や自分の慢心、緩みなどを指摘してもらうためのもの。なのに「お説ごもっともです」「さすがです」しか言わない人では、ものの役に立たない。

一方で本当のことを言ったり批判するのはいいが、敵意むき出しに刺々しく言われても、人の情として受け入れがたい。

愛のない批判者と無批判な熱愛者にフィードバックを求めるべきでないなら、誰に求めればいいのだろう？　答えは愛のある批判者だ。[15]

という指摘のように、批判すべきところは批判してくれ、しかも、それが感情的に受け入れられる形になっていることが諫言役には望まれる。愛があるのは望ましいが、なくても愛を感じさせてくれればＯＫかもしれない。また、お互い最低限の信頼関係は不可欠だ。さらに、日本のように序列や上下関係が根強い社会では、魏徴と王珪の例のように、自分より年上の方が――しかも受ける側が尊敬しているような人物であればなおさら――諫言は素直に受けやすくなる。

こうした条件を考えると、会社などの組織では、引退したＯＢや、組織でこれ以上の出世を望めないと本人自身も自覚しているが、見識の高い人材がうってつけともいえる。クビや降格に対する恐怖心を感じずに済むため、直言できるからだ。

ただし、これはあくまで諫言しやすさや、権力者の堕落を防ぐことに焦点を置いた「諫

15『insight――いまの自分を正しく知り、仕事と人生を劇的に変える自己認識の力』ターシャ・ユーリック　中竹竜二監訳　樋口武志訳　英治出版　二〇一九年

言役」の像だ。さらに、未来を創るための意見や指摘、アイデアを求めたいなら、より若い人材からの直言を積極的に聞くべきなのは当然でもある。

ちなみに、かなり年上の諫言役しかいないと、諫言役が先に亡くなってしまった場合、それ以後、権力者のタガが緩むという危険性もある。太宗の最大の失政といわれる高句麗遠征は、魏徴が亡くなってから、わずか二年後のことだった。

「何かをなし遂げたい」という動機あってこそ

今度は逆に、「諫言する側の心理」から考えてみよう。

上下関係が厳しい中では、上のためを思って諫言するのはいいが、それによって上の感情を害してクビや左遷、降格の憂き目に遭うのは当然避けたい。感情的シコリが残って働きにくくなるのも遠慮願いたい。

しかし、一般にそのようなネガティブな反応が返ってこない上司とは、もともと賢明な権力者である場合が多い。常に話しやすい雰囲気であったり、下からの意見をきちんと取り入れてくれるのがすでに当たり前だったりする。実際、唐の太宗は、

太宗は、いつも厳然としていたので、御前に伺候(しこう)する臣下は、その威厳に気おされ

て、度を失ってしまうのが常であった。そのことに気づいた太宗は、臣下が伺候するたびに、必ず顔色をやわらげて彼らの諫言に耳を傾け、政治の実態を把握することにつとめた。[16]

と、部下が諫言しやすい雰囲気作りを心がけたり、

「争臣（争ってでも諫言する臣下）は、必ず初期症状の段階で苦言を呈するのです。末期症状を示すようになれば、あえて諫めたりしません」

と褚遂良がいったところ、太宗が答えた。

「そなたの言うことはもっともである。しかしながら、私のことに関しては、見当ちがいなこと、初期症状を示し始めているもの、末期症状に陥っているもの、いずれの場合についても遠慮なく苦言を呈して欲しい。近ごろわたしは、暇をみては前王朝の歴史をひもといているが、その中に、臣下がある事を諫めても、君主のほうは、『いまさらやめるわけにはいかぬ』とか、『すでに許可を与えてしまった』と聞き流し

16 『貞観政要』求諫篇

て、いっこうに改めない、そんな話がよく出てくる。君主がこんな態度をとっていたのでは、あっという間に国を滅亡させてしまうだろう[17]」

と、とにかく意見を述べて欲しい旨、部下に伝え続けてもいる。

逆に、部下が「自分の身を顧みずに、諫言しなければ」とまで思いつめざるを得なくなるのは、まさしくネガティブな反応が返ってくるであろう、問題だらけ、ないしは堕落し始めたり、自分を見失いかけた上司だったりする。諫言の必要性と、諫言のしやすさとは反比例しがちなところに、この問題の難しさがある。

こう考えると、上に立つ人間というのは、そもそも品性の高さや賢明さ、度量の大きさがないと務まらない、と言いたくなるが――もちろん、それらがあるに越したことはないが――もう少し根本的な要素がここにはある。

それは「何かをなし遂げたい」という強い動機や目的意識なのだ。志を持つといってもいいだろう。

唐の太宗は、なぜ厳しい諫言を受け入れ続けられたのか。それは、即位時の悪行を帳消しにして、名皇帝として歴史に名を刻みたかったからだ。その強い動機や目的あってこその振る舞いであった。

「和して同ぜず」の意味

現代でも、こんな例がある。

筆者は、ライフネット生命を創業した後、立命館アジア太平洋大学の学長を務める出口治明（はるあき）氏と対談したさい、こんな質問をしたことがある。

「いいリーダーの条件って何ですか」

出口氏の答えは、こうだった。

「やりたいことが、ある人ですね」

筆者は、まったく予想していない答にちょっと驚いたのだが、しかしその後、大企業の部長や役員などに研修する機会が増えると、出口氏の答の意味を悟るにようになった。

企業の部長や役員のなかには、まともな意味で「やりたいことがない人」が結構いるのだ。上に指示された通り、まじめに業務をこなしてきたら、地位も高くなりました、というタイプが典型的。

自分でなし遂げたい仕事がないと、どうなるのか。「今の地位を守っていたい」「権力を

17　『貞観政要』求諫篇

維持したい」「会社にブラ下がっていたい」と、権力闘争や社内政治に興味が移りがちになる。

逆に、仕事でぜひともなし遂げたい目標や目的があるなら、周囲に色々な角度から意見を出してもらったり、問題があれば指摘してもらった方が達成しやすくなるのは明らかだ。下からの諫言など、目的達成のための手段に過ぎないのだから、使い倒せばいい、ともいえる。

『論語』には、仕事でなし遂げたいことがある／ないの違いを端的に指摘している有名な言葉がある。

君子は、協調性に富んでいるが雷同はしない。小人は、雷同はするけれども協調性には欠けている（君子は和して同ぜず、小人は同じて和せず）[18]

孔子のいう「和」とは、表面上仲良くしていれば良い、という話では実はまったくない。お互いに意見を出し合い、問題があれば諫言し、しかし最後には一丸となって協調できる姿を「和」という。これは組織のど真ん中に、「なし遂げたい目的や目標」が据えられているからこその姿だ。

たとえば新規事業を成功させたいと思うなら、お互いに意見を出し合った方がいいし、上司が間違っていれば「間違ってます」と指摘した方がいいに決まっている。しかも、組織的になし遂げたいなら、最後は一丸となった方が、確実に成果に近づいていける。確固とした目的がある以上、必然的にそうならざるを得ないのだ。

一方の「同」とは、同質化のこと。権力者が白いものを「黒だ」といえば、「黒です」とお追従するような態度をいう。組織にぶら下がっていたり、今の権力を維持するのが目的になってしまえば——つまり、組織自体が目的化してしまえば——それが賢明な振る舞いになってしまう。

原理原則は単純であり、太古の昔から原理は明らかになっている。しかし、それを実行するのは、いつの時代でも難しい。

*

さて、ここまで「自分を知る」ために必要な諫言役の意味について見てきた。では、筆者が取材した「勝負師」たちはみな諫言役を持っていたのかというと、そうした人も勿論

18 『論語』子路篇

いたが、大多数というわけではなかった。

彼ら／彼女らは、自分一人で自分を客観視する方法を持っていたのだ。それが次章のテーマである「もう一人の自分を持つ」になる。

イメージだけを粗く説明しておくと、諫言役のような外のつながりに依存せず、自分の内部にすでにいる「他人」を意識し、利用するという感じだ。こちらは、取材した人のほとんどが持っていた「勝負師の条件」に他ならない。

V部

「己を知る」という難問

――②もう一人の自分

第十四章　「勝負師」は「もう一人の自分」の夢を見るか

情報として自分を見る

多くの「勝負師」たちに共通する「もう一人の自分」という切り口は、実は広い範囲のジャンルにまたがって語られている。ビジネス、軍事、スポーツ、ゲーム、芸術、学術……。

ただし、言及自体は稀なので、結構見つけにくい。そして個々の言及を精査していくと、単純に「俯瞰」や「客観視」、「メタ認知」といった言葉のみでは片付けられない、多様な内実が「もう一人の自分」にはあることがわかる。

この章では、まずそうした広範囲の、素の証言をご紹介していく。

筆者が、最初にその重要さに気づかされたのは、大森義夫氏への取材中の、こんな発言からだった。

「情報をとったり、そこから正確な判断を下すために心がけているのは、まず気持ちの余裕。焦りが出ると、物事を正しく見ることができなくなります。それと、できないことはできないとする、良い意味でのニヒリズムや、諦観、一種の開き直りのようなものも必要ですね。つまり、自分を客観視するということ。私は、もう一人の自分が自分を見ているという感覚を持つようにしています」

重要な論点をいくつも含む内容だが、最後の「もう一人の自分が自分を見ているという感覚」は、筆者がまったく持ち合わせていないものだった。そのためもあって、印象に残り続けていた。

大森氏は著書の中でも、次のように記している。

江畑謙介さんは『情報と国家』（講談社現代新書）**の中で情報の読み方として「人間、煩悩を捨てれば真実が見える」、情報を客観的に扱うとは「私利私欲を離れる」と同**

じだ、と書いている。その通りだが、私は煩悩多き人間で、私利私欲、ヤマ気もあった（中略）煩悩を捨てきれない自分自身をふくめて、もう一人の自分が情報として見ているという構図かも知れない。[1]

江畑謙介とは、湾岸戦争時にＴＶの解説で人気となった、著名な軍事評論家だ。「私利私欲を離れる」ことができれば理想的だが、悟りでも開かない限り、人の身では難しい。「煩悩のある自分を、丸ごと客観視する」という、より現実的な解を出したところに、現場を生きたリアリストである大森氏らしさがある。

トップとそれ以外を分ける差

その後、筆者は「日本近代の父」である渋沢栄一関係の本を何冊も著した。それがきっかけとなって、渋沢栄一記念財団の雑誌『青淵（せいえん）』の企画として「現代の渋沢栄一といえる経営者」「『論語と算盤』を愛読している経営者」にインタビューする機会を持った。

そこで多くの経営者にお会いしたところ、「これは尊敬できる見識の持ち主だ」と思った方々が、「もう一人の自分」について語るケースが相次いだのだ。

まず日立をＶ字回復させた後、東京電力会長を務めた川村隆氏にインタビューしたさいに、こんな発言が飛び出した。

「経営者ってのは時々第二の自分をつくって、自分を見ないといけないですよね。いつも人間が二人居るところ、結論がややこしくなるけど、普段は本人で一生懸命頑張るんだけど、時々もう一人の自分が、『ちょっとおまえ最近おかしいんじゃないの』っていう、ちょっと客観的に見る必要があります。そういう訓練は、自分が外に出されていると訓練になるんです。中に居る人はなかなか分からないです、もう夢中になってるから」

さらに、たまたまその一週間後、カフェ・カンパニーの創業者であり「ＣＡＦＥの神様」と呼ばれる楠本修二郎氏にインタビューする機会があった。お話をうかがっていて、あまりにも自分を客観視している内容の多さに、筆者は思わずこう尋ねた。

「もしかして、楠本さんは、もう一人の自分が自分を見ている感覚とかお持ちですか？」

「すごくあります」

では、なぜそういう感覚を持つようになったのか、と筆者が尋ねると、

「リクルート事件とか、大きいかもしれないですね。リクルート事件のとき、僕、社長秘書やってたので。はい。だから、よく東京地検特捜部に遊びに行ってましたね。お茶しに

1　『日本のインテリジェンス機関』大森義夫　文春新書　二〇〇五年

行ってました」

というちょっと驚くような答が返ってきた。この発言の意味は、後ほど詳述する。

ちなみに、カフェ・カンパニーという名前をご存じない方も多いかもしれないが、それには事情がある。スターバックスやタリーズといったカフェは、例外もあるが同じ仕様や外観、ブランド名の店を街に出していく（多くの場合、ブランドを街に押しつけているともいえる）。しかしカフェ・カンパニーは、その街の雰囲気に溶け込んだオーダーメイドのお店を、名前も変えて出しているのだ。だからどこかの街に「これは街に溶け込んでいる雰囲気のいいカフェだな」というお店があったら、それはカフェ・カンパニーの運営である可能性が高い。

さらには、ここまで何度も登場して頂いた、和田洋一氏や澤上篤人氏、他にも経営共創基盤会長の冨山和彦氏や、「コンビニの父」といわれる鈴木敏文氏も同様の感覚を語っている。ユニクロブランドで有名なファーストリテイリングの柳井正氏も、対談集の中でこんな発言をしている。

経営者というのは、主体的に経営する自分がいて、その自分を客観的に見る「もう1人の自分」がいないと、うまくいかないものです。ほとんどの経営者は、主体的な自分か客観的な自分のどちらかにバランスが崩れたときに失敗するのではないでしょ

うか。[2]

筆者は、二〇〇〇年代の半ばから大企業延べ三十社くらいで、部長や役員研修を手がけてきた。そのなかで、

「『もう一人の自分』がいるという感覚を持っている人は手を挙げてください」

と聞くことがある。手が挙がるのは、だいたい三十人〜五十人に一人くらいだろうか。もちろん日本人特有の遠慮深さが働いた可能性もあるが、筆者が取材した経営者たちの高い割合とは対照的だ。この点が、傑出した経営者と、そうでない人とを分ける一つの鍵ではないか、と筆者は考えている。

離見の見

経営者の方々から「もう一人の自分」という言葉を何回か耳にした後、筆者がその切り口について調べていくと、それなりの数の事例が見つかった。まず目立っていたのが、俳

2 『「好き嫌い」と経営』楠木建 東洋経済新報社 二〇一四年

優や舞台でパフォーマンスする人々、そしてアスリートたちだった。

まずは、伝統芸能に詳しい方なら「もう一人の自分」と聞いて、世阿弥(ぜあみ)の「離見(りけん)の見(けん)」を想起したかもしれない。

世阿弥は、室町時代に能楽を大成した人物。理論書としては『風姿花伝(ふうしかでん)』が有名だが、「離見の見」は『花鏡(かきょう)』という作品に収録されている。

> 舞に「目前心後(もくぜんしんご)」ということがある。「目を前につけ、心を後に置け」という意味である。これは、前に述べた舞智の演じかたにおける心がけである。観客席から見る役者の演技は、客体化された自分の姿である。つまり、自分の意識する自己の姿は、我見であって、けっして離見で見た自分ではない。離見という態度で見るときには、観客の意識に同化して自分の芸を見るわけであって、そのとき、はじめて自己の姿というものを完全に見きわめることができる。自分の姿を見きわめることができれば、前後左右、どこだって完全に見られるわけである。けれども、自分の眼で自分の姿を見れば、目前と左右とだけは見られるが、後姿はわからない。自己の後姿が感じとれなければ、たとえ姿に洗練を欠く点があっても、よくわからない。
>
> だから、いつも離見の見をもって、観衆と同じ眼で自己の姿をながめ、肉眼では見えない所までも見きわめて、身体ぜんたいの調和した優美な姿を完成しなければなら

ない。そして、これは、すなわち、心を自己の後ろに置くという次第ではないか。どこまでも、離見の見ということをよく理解体得し、「眼は眼自身を見ることができない」筋あいを腹に入れて、前後左右を隈なく心眼で捉えるようにせよ。そうすれば、花や玉のように優美な芸の理想郷に到達することは、はっきり立証されるであろう。[3]

確かに、舞台やテレビ、映画に出る役者や演者は、観客から見られて初めて価値が生じる存在。だから見る側の視点を持つべきだというのは、わかりやすい理路だ。

この場合、見られているのは、演技者のパフォーマンスだが、同じことを証言しているゴルファーがいる。一章でも登場した倉本昌弘氏に、こんな述懐があるのだ。

自分の身体の位置をすべて覚えること。そして動いている筋肉の一つひとつを自分で意識すること。
自分の身体の周囲に、複眼のような自分の目を持つことなのである。

3『風姿花伝・花鏡』世阿弥　小西甚一編訳　タチバナ教養文庫　二〇一二年

私は、いま、机に向かってこの原稿を書いているが、この姿を自分で見なければ駄目なのである。背中というか、頭の斜め上というか、そこにもうひとりの倉本昌弘がいるようにする訓練をしなければならないのである。そうすることによって、ビデオで見るごとく、自分の構えやスウィングとかが自分でわかってくるのである。自己の客体化、とでも言ったらいいのか、これができないと、うまくいっているときはいいのだが、一度壁にぶつかった場合、それを乗り越えることができないのである。[4]

「壁にぶつかった場合」にこそ、自分の客観視が必要というのは、フィジカルな面ばかりでなく、精神面や思考面にも通じる金言だろう。

心は高く天上に在り

さらに、アスリートの中には、いま自分が闘っているフィールド全体を、自分を含めて俯瞰するイメージを語っている人物もいる。

サッカーにおいて、日本代表国際Ａマッチ出場数最多記録など多くのレコードを持つ遠藤保仁氏に、こんな発言がある。

僕自身が究極の理想としているのは「鳥になる」ことなので、それができたらゴールなのかな。

グラウンドを空から見下ろすことができれば、その瞬間に起きていることをすべて把握できるじゃないですか。誰がどこにいて、どこにパスを出せばいいかがわかる。そういう視点というか、視野を持ちたいんですよ。[5]

すべての選手を見るのは難しいんですけど、調子がいいときは、〝ここにいるだろうな〟というところまでドンピシャでわかります。そういうときはプレーが楽ですね。遠くのほうをしっかり見て、近くは残像で見る感じですかね。近い方は自然に目に入ってきますから[6]

4『三秒で打つ』倉本昌弘 PHP研究所 一九九七年
5『白紙からの選択』遠藤保仁 講談社 二〇一五年
6『眼・術・戦――ヤット流ゲームメイクの極意』遠藤保仁 西部謙司 カンゼン 二〇一三年

敵と味方のフォーメーションが、空の上から俯瞰できれば、どこにパスを出せば通るかが瞬時にわかるだろう。日本の司令塔であり続けた遠藤氏は、「鳥の視点」から全体を俯瞰しようとしていた一人だったのだ。

遠藤氏の場合、状況をいかに俯瞰するかという観点だが、同じく「上からの俯瞰」でありながら、いわば戦闘という大波に揺られている自分の姿を、天から見下ろしているイメージを語っているのが、日露戦争時の日本海海戦勝利の立役者である秋山真之(さねゆき)だった。

身は作戦の焦点にあるも、心は高く天上に在り、故に鉄火(てっか)の昂奮(こうふん)なし。明鏡(めいきょう)、私情に曇らざるが故に、八目(はちもく)の岡目(おかめ)は万目の光を生ず[7]（旧かな旧漢字を現代かな・漢字に変更）

本書の冒頭に登場してもらったファンドマネージャーも、「いいファンドマネージャーは、市場の波に呑まれつつ、しかも、呑まれないことが重要」

と語っていたことがある。これは市場のトレンドには乗るが、集団心理には呑み込まれないという意味だが、構図としては同じだろう。

秋山真之の実際の戦闘での姿には、同僚からの面白い証言がある。

> 長いあいだには誰しも偶(たま)には怒ったり、腹を立てたり、悲観したりするものだが、秋山参謀には決してそういう事はなかった。いつも同じ調子で、心の平静を失ったのを見たことがない。
> 作戦図に当って、大勝を博した際などは、自分等は欣喜雀躍(きんきじゃくやく)するが、秋山参謀は一向そんな事はなかった。
> 「どうです、勝ちましたな」
> 「うん、そうだな」
> 勝ったのは当然だといわぬばかり、話しかけた方が張り合いがなくなる[8]（旧かな旧漢字を現代かな・漢字に変更）

彼は、戦争という究極の非常時においてもまったく感情の揺れがない、まさしく「鉄火の昂奮なし」の境地にあった。天の上に昇り、すべてを上から俯瞰する心境に至ったから

7
8　『秋山真之』秋山眞之會篇　マツノ書店　二〇〇九年

こそだ。

もちろん秋山真之の場合は、スポーツのような物理的な俯瞰に加えて、自分の思考や行動に対する俯瞰も含まれている。自分の立てた作戦や、その背景にあるロジック、戦争という大波にゆられながら作戦を遂行する自分や戦局全体を、私情による思い入れを持たずに捉えるというイメージだ。

求められる役割を演じ切る

今度は、弁護士と棋士の証言を見てみよう。

日本一のタフネゴシエイターといわれる藤本欣伸(よしのぶ)弁護士は、筆者の取材に、こう述べていた。

「バッドコップ(悪い警官：交渉における脅し役)とグッドコップ(良い警官：交渉のなだめ役)といいますが、弁護士は基本的バッドコップになるべきだと思っています。ビジネスマン同士は継続的にいい関係を続けなければいけないので、弁護士がケンカした方がいいからです。理屈で相手に勝つというのが王道かもしれませんが、理屈はしょせん理屈に過ぎないし、理屈は理屈に負けます。大事な交渉は理屈で終わらない場合が多いのです。

交渉のさいは、わざと交渉の途中で怒る、キレるという手を昔よく使っていました。キレても良さげなところでぶちキレると、その後の交渉がすごく楽になります。

ただし、自分が怒れば怒るほど、冷静になっていくんです。芝居として怒っていますが、芝居とバレると致命的です。だから、本当に怒らなければいけないのですが、本当に怒ってしまうと交渉に負けてしまう。ものすごく自分の温度をあげて怒るが、同時にきわめて冷静に自分が怒るのをコントロールします。適度に怒り、相手の反応を見ながら怒り続けるのか、もどるのか、冷やすのかを、それまで鍛えた条件反射力の中で常に見極めながらやってきました。

自分を客観的に見ると共に、交渉では敵が身内にいたりもします。企業といっても一枚岩ではないので、当社も相手もポジションによって言っていることが違ったりする。それぞれの置かれている状況をなるべく正確に理解し、それぞれの立場にたつと、この点がどう見えるのかを常に考えながら、次の手を打っていきます。

自分を客観的に見るというよりは、その場にいながらも一歩引いて、ここはどういう状況になっていて、それを誰がどう考えていて、こう決着したら誰がどう考えるかを見ながら交渉します」

ちなみに、こうした厳しい交渉は、

「リーガルマターでディールが壊れることはない。まともな弁護士であればディールをまとめる方向でやる」

という前提が、ビジネスにはあるからだ、とも述べていた。つまり、企業のトップ同士などが合意したあとに弁護士同士の法律面での交渉が来る流れなので、すでに枠組みが固まっていて、少々暴れても基本的には壊れる心配がないのだ。

続いて将棋。羽生善治棋士がジャーナリストのインタビューを受ける中で、こんな発言を残している。

「目の前の対局から何か新しい発見を探しているんです。お互いが一生懸命やれば、将棋は必ず意外性のあるドラマが生まれる。どうせ観るなら、面白いドラマを観たいんです」

――そうか、将棋を指す羽生さん、それを観る羽生さん、二人の羽生さんがいる。

「ええ、そうですよ」[9]

さらに、ラグビーの平尾誠二元日本代表監督との対談で、こうも述べている。

自分の中のもう一人の自分の方が、今の自分よりも大きくて強い存在だと思います。客観的に自分を見ていて、なおかつ冷静な判断ができる。だから、もう考えられることはすべてやり尽くしたとか、最後の最後にどちらを選ぶというときに、もう一

人の自分に判断を委ねるのはむしろ当然のことだという気持ちはあります。[10]

後者で言及されている「もう一人の自分」は、今の自分を客観視する存在という以上に、「今の自分よりも大きくて強い存在」という位置づけになっている。こうした「自分を超えた自分」という観点は、実は芸術や著述の世界で多く語られている。

働いてくれる「こびとさん」

フランス文学者であり思想家の内田樹（たつる）氏に、こんな文書がある。

私たちは自分の知らないことを知っている。自分が知っていることについても、どうしてそれを知っているのかを知らない。私たちが「問題」として意識するのは、その解き方が「なんとなくわかるような気

9　『戦う頭脳　羽生善治』羽生善治　文春文庫　二〇一六年
10　『簡単に、単純に考える』羽生善治　ＰＨＰ文庫　二〇〇四年がする」ものだけである。

なぜ、解いてもいないのに、「解けそうな気がする」のか。

それは解答するに先立って、私たちの知性の暗黙の次元がそれを「先駆的に解いている」からである。

私たちが寝入っている夜中に「こびとさん」が「じゃがいもの皮むき」をしてご飯の支度をしてくれているように、「二重底」の裏側のこちらからは見えないところで、「何か」がこつこつと「下ごしらえ」の仕事をしているのである。

そういう「こびとさん」的なものが「いる」と思っている人と思っていない人がいる。「こびとさん」がいて、いつもこつこつ働いてくれているおかげで自分の心身が今日も順調に活動しているのだと思っている人は、「どうやったら『こびとさん』は明日も機嫌良く仕事をしてくれるだろう」と考える。（中略）

知的な人が陥る「スランプ」の多くは「こびとさんの死」のことである。「こびとさん」へのフィードを忘れたことで、「自分の手持ちのものしか手元にない」状態に置き去りにされることがスランプである。

スランプというのは「自分にできることができなくなる」わけではない。

「自分にできること」はいつだってできる。

そうではなくて「自分にできるはずがないのにもかかわらず、できていたこと」が

できなくなるのが「スランプ」なのである。
それはそれまで「こびとさん」がしていてくれた仕事だったのである。[11]

マイケル・ポランニーの「暗黙知」という概念を下敷きにしているが、筆者も一読して「まさしくそうだ」と自分のことを言い当てられたように感じた文章だった。

筆者自身、何かを書いたときに「自分自身で考え出したとは思えないアイデアが出てきた」「別人が書いたかのよう」という感覚に襲われることがある。正確にいえば、そういう感覚にまで至らないと、満足できる作品が書き上がらないのだ。芸術や学術で、「天からアイデアが降ってきた」

といった表現を使うことがあるが、そんな境地が極まった感じだ。そして、友人の作家たちにこの話を紹介すると、多くの人が「そういう感覚、あるある」と同意してくれた。

このレベルまで来ると、自分を客観視するのとは、また違った切り口の「もう一人の自分」が出てくる。いうなれば「自分を超えた能力や知を持つ、もう一人の自分」とでも言

11　内田樹の研究室「こびとさんをたいせつに」http://blog.tatsuru.com/2009/10/03_1726.html（最終アクセス日　2023年2月10日）

うべき存在だ。

次章からは、こうした多種の「もう一人の自分」を整理・分類しつつ、その仕組みを探究してみたい。

第十五章 外部からの眼

三つの「もう一人の自分」

十四章で引用した「もう一人の自分」への言及は、切り分けが難しいものもあるが、およそ三つに分類することができる。

A　身体的な状況や、場の配置を、外部から客観視する。

世阿弥の「離見の見」。

倉本昌弘氏の「自分の客体化」。

遠藤保仁氏の「鳥の視点」。


B 自分の思考や心の持ち方、自分のあり方を、もう一人の自分が客観視する。

大森義夫氏、川村隆氏、楠本修二郎氏、柳井正氏、羽生善治棋士の「もう一人の自分」。

秋山真之の「天上にある自分」。

藤本欣伸氏の「役割をこなす自分と、それをコントロールする自分」。


C 自分を超えた自分が、見えないところで働いていて、いざというとき登場する。

羽生棋士の「今の自分よりも大きくて強いもう一人の自分」。

内田樹氏の「こびとさん」。

Aは、自分の眼だけが外に飛び出して、自分自身や周囲の状況を見ているようなイメージだ。
Bは、自分自身の内部で二つ、または三つに、自分自身やその思考が分裂しているようなイメージだ。分裂の仕方には、たとえば、

①　煩悩にまみれた自分VS客観的な自分

②　戦争や市場でのトレードなど、大きな波に揉まれている自分VSそれを上から見下ろす自分

③　ある役割を演じる自分VSそれを操っている自分

などのパターンや、そうした二極構造を、さらに俯瞰している自分がいる三極構造まである。

Cになると、普段は後に隠れて仕事をしているもう一人の自分が、何かあると出てくるイメージだ。

それぞれ異なったメカニズムを持つものであり、その仕組みについて順に探究していこう。

視界の精緻化

まずは、**A**の「身体的な状況や、場の配置を、外部から客観視する」について。これは言葉を換えると、別の自分が外部カメラや衛星画像を使って、自分自身や周囲の状況を覗いているような感じだ。

では、どうしたらそんな眼が持てるのか。これは一言でいえば、訓練の賜物なのだ。サ

ッカーの遠藤氏にこんな述懐がある。

(頭を使ってプレイしなさい、といわれて)まず首を振ることとかなと。GKの位置とかも含めて、全部の選手がどこにいるか言えるぐらいに見ようと思ったんです。あの、公園のあっちのほうでブランコが揺れているとして、視界に入ってても言えない人が多いと思うんですよ。右から二番目が揺れてますよ、というところまでは。なので、それも言えるように反復練習したんです。普段の生活から、視界に入るものは自分の中で整理できるように。それがやれるようになってきたのが中学生の終わりぐらいですかね。[12]

若い頃にこうした下地を作っておいた上で、遠藤氏は実際のプレー中、ボールではなく周囲の状況を極力見ようとしていた。

ボールと目の前の敵については、ぼんやりと見るにとどめて、残りは視界の左右にいる選手のポジションや動きに意識を向ける。首を左右に振れば、さらに視野は広がる。意識してより広範囲の情報を得ようとすることによって、フィールド全体を俯瞰する力を養うことができるのだ。[13]

センターバックからパスをもらうときなんかは、5メートルとか10メートルの距離なら軌道を見ればわかりますから、止めるときにボールを見る必要がないんです。その間に、ボールではなくて周囲を見ていたいですからね[14]

遠藤氏のような振る舞いは、素質があれば自然にできる類いのものではない。なぜなら人間の目や脳には、視界に入るものすべてを精緻に把握するような機能が、もともと標準装備されていないからだ。

認知科学の実験で、以下のようなことが明らかになっている。

まず、人は視界にある対象のうち、注意を向けるべきだと思ったものしか詳しく覚えていない。ところが、自分では視界に入るものを隅々まで把握していると思っている。だから、後で視界にあったものの詳細を説明してくださいと言われると、しどろもどろになっ

12『眼・術・戦――ヤット流ゲームメイクの極意』遠藤保仁　西部謙司　カンゼン　二〇一三年
13『「一瞬で決断できる」シンプル思考』遠藤保仁　KADOKAWA　二〇一七年
14『眼・術・戦――ヤット流ゲームメイクの極意』遠藤保仁　西部謙司　カンゼン　二〇一三年

たりする。要はすべての情報をいちいち詳細に把握していては、脳のエネルギー効率が悪過ぎるので、自動的にポイントだけに焦点を絞っているのだ。

ただし遠藤氏のように、反復練習によってこれは変えていくことができる。

ビジネスにおいても、リベラルアーツ研修の一環として、美術館にあるような名画を精緻に鑑賞することを通じて、観察力や把握力を鍛えていくプログラムが実施されている。発想はまったく同じだ。視界にあるものを精緻に把握する能力は、訓練によって向上させることが可能なのだ。

サッカーでいえば、視界に入るものの位置情報をきちんと把握できるなら、その情報を脳内でうまく変換して「鳥の視点」にまで至れる瞬間が持てるわけだ。

バッティング投手とビデオカメラ

さらに、こうした外部カメラのような眼を持つことは、現代であればビデオカメラなどを使えば、容易に可能になる。また、第三者の目をうまく使えば同じ効果が期待できる。

後者は、前章の諫言役とも関係してくる話だが、プロ野球の落合博満氏は「定点観測してくれる相手」や「ビデオ」を駆使して、この外部カメラのような眼を持とうとした。

まず落合氏は練習のさい、同じバッティング投手をずっと使っていたのだが、その理由をこう述べている。

自分のフォームというものは、実は自分自身がいちばんよく見えてない。それに、どんなに優秀な指導者だって、選手全員の細かな変化をすべて把握するのは困難だろう。こうした問題を解決するには、いつも同じ人に自分のバッティングを見てもらうのが得策だ。

疲れなどで振りが鈍くなっているというようなことは自分でも気づくが、投手に対峙する雰囲気の変化、顔つき、目つきなどはわからない。それらを指摘してもらうとも、実戦につながる練習をするため、実戦でいい結果を残すためには重要になる。[15]

さらに現役時代、他人には見せない秘密練習をしていた旨、ＮＨＫの「レジェンドの目撃者 三冠王 落合博満」という番組で述べている。

練習って人前でやるものじゃないもの。自分のバッティングをどうしたらいいんだ

15　『落合博満　バッティングの理屈――三冠王が考え抜いた「野球の基本」』落合博満　ダイヤモンド社　二〇一五年

ろうと考えて、全員閉め出して室内で、ボールを（ピッチングマシンに）入れる人とカメラマン一人頼んで、俺パンツ一丁で、自分の体はこういうボールに対してどういう動きをするのか――。うちに何千本というテープがあるんだ。研究それだけしたよ。[16]

バッティングしている自分を、カメラマンにビデオ撮影してもらって、体の動きを徹底的に研究したというのだ。

もちろん、自分の体や筋肉の動きだけをカメラを使って客観視できても、それだけでは良いバッティングには繋がらない。何が良いバッティングなのかという理論や、参考とすべきお手本が必要になる。落合氏にはこんな言葉もある。

若い選手と話をする機会がある度、私は「いいバッティング評論家になれ」とアドバイスする。（中略）１９７９年にロッテへ入団した私は、当時の山内一弘監督の打撃指導を拒否したために、自分のバッティングを自分自身で作り上げていかなければならなかった。といっても、少し前までアマチュアだった選手に、プロの技術を考えろという方が無理な話である。そこで私は、自分の周りを見渡して、手本になる選手を探した。何しろ、私の周りにいるのは、すべてプロの選手なのだ。[17]

自分の技量を高めていく上では〝技術を学び、盗む目〟、すなわち〝ほかの選手を見る目〟が重要なのである。[18]

「いいバッティング評論家になれ」とは、つまり他人のバッティングの善し悪しが理解できて、しかもその理屈を説明できる人になれ、という意味だ。落合氏も、ロッテの先輩だった土肥健二氏や阪急ブレーブスの加藤英司氏などのバッティングフォームを参考にして、自分のフォームを作り上げていった。

二章で、彼我を比較することによってお互いの構造の意味がわかる、という文化人類学の知見を紹介した。この場合、お手本となる選手と自分自身、それぞれの体の動きを客観視し、強みと弱みを見すえた上で、良い技術を取り入れていく力が、三冠王の土台となっていったのだ。

16　BS1スペシャル「レジェンドの目撃者 三冠王 落合博満」二〇二〇年一月三〇日放映
17
18　『落合博満　バッティングの理屈――三冠王が考え抜いた「野球の基本」』落合博満　ダイヤモンド社　二〇一五年

なぜ理屈を説明できるのか

このように、自分やその置かれている状況の客観視ができるアスリートたちには、一つ共通する特徴がある。それは、

「自分の技術がなぜ結果を出せるのか」

「なぜそう考えたのかの思考過程」

を明晰に説明できる、という点だ。

落合氏には多数の著書があるが、その中には「なぜヒットが打てるのか」という仕組みを非常にロジカルに述べたものがある。前の引用にあったように、自分のバッティングを自分自身で作り上げる必要があったため、徹底的に理屈を考え抜いたからこそだろう。こうした考察をわかりやすく文章に残しているプロ野球選手は、ほとんどいない。

日米で首位打者を獲得したイチロー氏にも、こんな言葉がある。

ぼくは天才ではありません。なぜかというと自分がどうしてヒットを打てるか説明できるからです。[19]

イチロー氏が思い浮かべている「天才」とは、おそらく「野生の勘」などでヒットやホ

ームランを打ててしまう長嶋茂雄氏のような人のことなのだろう。
ただしイチロー氏自身、こうした説明ができるようになったのは、プロ八年目のことだった。

自分で打ったヒットを、なぜヒットになったかって説明できるようになったのは、僕の場合は一九九九年以降の話なんですよ。[20]

この変化をもたらした理由に、実は「もう一人の自分」がかかわってくる。

九六年前後、あのとき、特にバッティングは、カタチがものすごく変わっているんです。足を開いたり、もういろんなカタチを試していた。

19 『夢をつかむ　イチロー262のメッセージ――Ichiro's message since 2001』イチロー述「夢をつかむイチロー262のメッセージ」編集委員会著　ぴあ　二〇〇五年

20 『イチロー×北野武キャッチボール』イチロー　北野武述　イチロー×北野武「キャッチボール」製作委員会 ぴあ　二〇〇三年

あれは、自分のカタチがみつからない不安の証でもあったんです。それだけカタチが変わる心情を、人に見すかされると、やっぱりつらいじゃないですか。でも、そんなことは考えていられなかった。

とにかく、自分のカタチを見つけたい、取り戻したい。

その一心で、もう、**なりふりかまっていなかった**んです。

成績は、出ていました。でももしそこで、成績は出ているから今の自分でいいんだ、という評価をしてしまっていたら、今の自分はないですよね。

（中略）ぼくは、その、九四年から九六年までの自分が見えていない経験からは、「客観的に自分を見なければいけない」という結論に達したんですね。

自分は、今、ここにいる。でも、自分の**ナナメ上**にはもうひとり自分がいて、その目で、自分がしっかりと地に足が着いているかどうか、ちゃんと見ていなければならない。そう思ったんです。

（中略）自分のやっていることは、理由があることでなくてはいけないと思っているし、自分の行動の意味を、**必ず説明できる自信もあります。**

だけど、それができるようになったのは、九六年までの苦い経験があるからなんですよね。[21]

「もう一人の自分」を持って、自分を客観視できるようになったからこそ、技術の説明が可能になったというのだ。そして、これが後のさらなる飛躍を支え続けていった。

同じことは将棋の羽生棋士についても言える。

将棋や囲碁の世界で著書を出している棋士は数多い。有名棋士なら、ほぼ本を出しているといって良いだろう。しかし、そのなかで対局中の自分の思考過程を抽象的に、しかもわかりやすく言語化できている人はほとんどいない。

しかし、その数少ない一人が羽生棋士なのだ。それは「客観的に自分を見ていて、なおかつ冷静な判断ができる」というもう一人の自分がいるからこそ、なせる技なのだろう。

＊

さて、ここまで、
A　身体的な状況や、場の配置を、外部から客観視できる
について考察してきたが、このメカニズムは比較的わかりやすい。意識的に訓練した

21　『イチローに糸井重里が聞く』イチロー　糸井重里述　「キャッチボール」製作委員会　朝日文庫　二〇一〇年

り、他人や道具の助けを借りれば身につけやすい面がある。

一方で、

B 自分の思考や心の持ち方、自分のあり方を、もう一人の自分が客観視できる

C 自分を超えた自分が、見えないところで働いている

という二つの切り口は、人の脳にもともと備わっているメカニズムが関わってくる。

次章では、認知心理学や脳科学、行動経済学などの知恵を借りつつ、「もう一人の自分」を成り立たせる脳の仕組みを解き明かしていきたい。

第十六章 人はもともと分裂している

システム1とシステム2

V部のテーマである「もう一人の自分」については、

「そういう感覚を持っていますか？」

と聞かれて、「ある」と即答できる人はあまり多くないかもしれない。しかし、

「人って結構分裂しているよね、そんな面ありませんか？」

と言われると、そうかも、と思う人は結構いるのではないだろうか。

たとえば朝、ダイエットすると決意したのに夜中にカップラーメン食べてみたりとか、内心では怒りが沸騰していても顔では営業スマイル作ってみたりとか、ツイッターで裏アカウントを持って全然別のキャラクターになって書き込む等々、よくある話ではないだろうか。

認知科学や脳科学、行動経済学では、「人は分裂している」という前提は、そもそも当たり前でもあるのだ。

たとえば「判断」という切り口からいえば、行動経済学のシステム1とシステム2という考え方が有名だ。

システム1とは、見たり聞いたり感じたりした情報を、脳が無意識に高速処理して「これは、こうなんだ」と判断をくだす直感的思考のこと。われわれは単純な計算問題を見れば解く前から「できる」と思うし、簡単な文章題を見れば、「これが正解だろう」と瞬時に答を思い浮かべる。これがシステム1。ただし、さまざまなバイアスの影響を受けやすい上に、単純な引っかけ問題にも、ついつい釣られてしまう欠点がある。

有名な問題を一つ。久しぶりに野球をやりたくなってバットとボールを買いに行ったら、合計で一一〇〇円だったとする。バットとボールの値段差は一〇〇〇円ちょうど。すると二つの値段はそれぞれいくらか――

筆者は最初、迷わず「バットが一〇〇〇円、ボールが一〇〇円に決まってんでしょ」とドヤ顔で思ったが、これでは差は九〇〇円になってしまって不正解。答は一〇五〇円と五〇円。

この、瞬時に一〇〇〇円と思ってしまうのがシステム1。逆に、「ちょっと待てよ」と意識的にロジカルな答を出していくのがシステム2。

人間は、この二系統の情報処理システムが頭の中に同居している。言葉を換えれば、判断を下すシステムが、二つに分裂しているのだ。

この場合は、いわば意識と無意識とに分かれている状態だが、分裂の仕方には他にも種類がある。便宜上、まずは以下の三つに分けて考えてみよう。

① 無意識がいくつかに分裂している
② 意識と無意識とが二つに分裂している
③ 意識がいくつかに分裂している

用語の確認を一つだけしておくと、本書は学術的な探究を目的とはしていないので、用語の厳密さにはこだわらず、

「無意識」——意識せずに自分の中に湧き上がってくるもの、たとえば本能、直感、感

情、欲望、気分、システム1……

「意識」――自分が意識して操るもの、理性、意志、論理、合理、システム2……という大雑把な区分けで話を進めていく。

やらかす自分、後悔する自分

まずは①の無意識の分裂と、②の意識と無意識との分裂について。

みなさんには、こんな経験はないだろうか。

何か考え事をしていて、突然素晴らしいアイデアがひらめく。これはいいや、と思って喜んでいたら、何だか微妙な違和感が心に湧き上がってくる。あれ、と思って先ほどのアイデアをよくよく精査してみたら、勘違いしていた部分を発見、全然いいアイデアではなかったとわかってがっかりする――

このとき、最初の「アイデアのひらめき」はまさしく無意識のなせる技だ。一方、それに違和感を覚えるのも、やはり無意識のなせる技だ。ある無意識が、別の無意識に対してツッコミを入れている図式がここにはある。

この例からもわかるように、無意識というのは、複数のアイデアや推測、思いが沸騰している場なのだ。

一つのアイデアが意識に上がってくる前に、脳はあたかも裁判をするかのように、無意識の心が生み出したさまざまな意味を裏づける証拠をしらみつぶしに検討する。そうして、もっとも優れた推測であると判断されたものが意識に渡される。[1]

しかも、こうした無意識は、しばしば意識とも対立を起こす。先ほどのシステム1とシステム2がそうだが、もう一つわかりやすい例に、感情や欲望と、理性とのぶつかり合いがある。

たとえば、絶対笑ってはいけないような厳粛な儀式の場や、お偉方に囲まれた会議などで、他の人がドジなことをやって、思わず笑い出しそうになったとする。しかし、ここで笑うわけにはいかない、と理性で判断して、笑い出しそうな自分を無理矢理おさえつける――

さらに、学校の定期テストの直前、勉強しなければいけないのに、ついついお気に入りのコミックを読み始めてしまう。この巻で止めなきゃ、次の巻でこそ必ず、と思っても結

1『柔軟的思考――困難を乗り越える独創的な脳』レナード・ムロディナウ 水谷淳訳 河出書房新社 二〇一九年

局最後まで読んでしまい、後でひどく後悔する――

この場合、笑いそうになったりコミックを読み続けようとするのは、もちろん自分自身だ。一方で、それを抑えつけようとしたり後悔するのも自分自身だ。このとき自分自身は完全に二つに分裂している。

このように脳は、まず無意識といっても複数に分裂していたりする。そこに意識というプレイヤーも参入して、「実際の行動」という一つの椅子を争っている面がある。

あなたの脳のなかではさまざまな党派どうしの対話が進行していて、あなたの行動という一つしかない出力チャンネルを支配しようと争っている。その結果、あなたは自分と言い争い、自分をののしり、自分をおだてて何かをやらせるという、奇妙な芸当を成し遂げることができる（中略）パーティーでチョコレートケーキを勧められたとき、あなたはジレンマに陥る。あなたの脳には、糖分の多いエネルギー源を切望するように進化してきた部分もあれば、心臓の健康状態やおなかのぜい肉などのマイナスの影響について気にする部分もある。あなたの一部はケーキをほしがり、一部は控える勇気をかき集めようとする（中略）最終的に、あなたはチョコレートケーキを食べるか食べないかのどちらかで、両方をやることはできない。[2]

ちなみに、このような脳の営みをコントロールしている部位もわかっていて、ちょうど人の額の裏側にある前頭前野(ぜんとうぜんや)がそれに当たる。

前頭前野はこのように複数の行動プランを同時に想起して、その中からその時の状況にもっとも適切なプランを選択し、それを実行するという役割を担っています。前頭前野が障害されると、複数の行動プランを同時に想起出来なくなり、その時たまたま想起されたただひとつの行動プランがそのまま実現されてしまいます。[3]

こうした「自分自身が分裂している状態」に対して意識的になれば、どんな人にも「もう一人の自分」が存在することは、まったく不思議ではなくなる。後は、この「複数の自分」をうまく使って「人にまさる判断」「自分の向上」などが、いかに可能かという問題になる。

しかも、こうした「複数の自分」に自覚的になると、もう一段上のレベルから、自分を

2　『あなたの知らない脳――意識は傍観者である』デイヴィッド・イーグルマン　大田直子訳　ハヤカワ文庫　二〇一六年

3　『「わかる」とはどういうことか――認識の脳科学』山鳥重　ちくま新書　二〇〇二年

俯瞰しやすくもなる。

対極を俯瞰する

たとえば、自分のことを、

「自分は分裂などせず一貫している存在。少しフラフラしているように見えても、気分によって幅があるだけだ」

と認識していたとしよう。こうなると、自分を俯瞰することは難しい。「自分」に密着し過ぎていて、距離をとるのが難しいからだ。「自分らしさ」や「アイデンティティ」「本当の自分」に執着しているような場合も同じだろう。しかし、先ほどあげたような、

「笑いたい自分と、それを抑えたい自分」

「コミックを読みたい自分と、勉強せねばと思っている自分」

といった二人の自分がいる状態を自覚すると、今度はその対立する二人の自分を、上から俯瞰する視点が持てるようになる。言葉を換えれば、自分を客観視する第三の自分が新たに加わって、距離がとれるのだ。

ちなみにこうした俯瞰は、対極的な軸や要素を立てられる領域であれば、例外なく持つことができる。

たとえばこんな例がある。

筆者は、「日本近代の父」である渋沢栄一を専門の一つとしているが、彼の有名なモットーに「論語と算盤（そろばん）」（ただしこのモットー自体は、漢学者の三島中洲（ちゅうしゅう）が作った）がある。『論語』と算盤とは、対極的な要素であり、一言でいえば、

・『論語』――人として立派に生き、公益のために尽す
・算盤――経済活動で自分の利益を得ていく

という価値観を、それぞれ象徴している。

ここでもし、渋沢栄一が『論語』の価値観だけを称揚し、それを社会に押しつけたとしよう。まるで江戸時代のように「武士は立派だが、商人は賤しい」という話になって、「とにかく金を儲けたい」という人が「拝金主義者」として切り捨てられてしまう。

一方で、算盤の価値観だけを称揚し、とにかく金儲けだ、経済発展だと主張していたらどうなるか。真面目で人柄も最高だけど経済的に恵まれない人が、「負け組」として切り捨てられてしまう。

いずれも、一つの価値観に入れ込み過ぎて一体化し、俯瞰などまったく出来ていない状態だ。

しかし、「論語と算盤」という形で、二つを対置するとどうなるか。『論語』も算盤も、全体を構成する一要素となり、一段上から俯瞰されて「それぞれの強みと弱みをどう扱う

か」という観点から考えられるようになる。さらに「金を儲けたい人」も「真面目で恵まれない人」もみな抱え込んだ上で、全体をどう設計していくか、という視点を持てるのだ。

実際、渋沢栄一は『論語』の教えを称揚しつつ、『論語』には「男尊女卑」や「行きすぎた和の重視」といった問題がある、と指摘している。また、経済発展が必要としつつも、やはりその引き起こす「弱者切り捨て」「行きすぎた経済合理性」などの問題を解決すべく行動し続けている。対置したが故に、二つをきちんと俯瞰していたのだ。

もちろん、個人の内面の場合、「複数の自分」「対極的な自分」を自覚したからといって、すぐに自分自身を俯瞰できる境地に至れるわけではない。しかし、「自分」に密着しすぎた状態から、少し距離を置くことが可能になるのは確かだ。

一章で登場してもらったファンドマネージャーに対しても、こんな質問をしたことがある。

「いいファンドマネージャーの条件って何ですか」

帰ってきた答の一つが、こうだった。

「バランスが良いことですね」

いろいろな意味を含む指摘だが、一つには、何かに入れ込み過ぎず、全体を俯瞰できる精神のあり方を意味しているのだろう。

さらに、この分裂という図式を自分自身の中で主体的に扱うことから、③の「意識が複数に分裂している」という切り口が生まれてもくる。

複数のアルゴリズムを走らす

和田洋一氏は「もう一人の自分」を持つと述べている経営者の一人だが、「それはどのようなものですか」

という筆者の質問に、経営者としての経験を踏まえて、こう答えてくれた。

「ある程度見通しを立てて、検証してロジカルに動こうとすると、乗り越えられないことって経営ではいっぱい出ます。現状からのフィードバックで解けないことってありますから、何レイヤーか持っていないと、実践できないことがあります。

また、最後の最後までロジックで解けないこともあります。そんなときプログラムが止まらないようにする必要があります。

たとえば、あるアルゴリズムを組んで作業が走っているとします。で、あるとき想定していないところでパタっと止まってしまう。そのとき代わりに動くもう一つのアルゴリズムがなければいけない。格好良くいえば『大所高所からの自分が』とか『私利私欲を捨てて』みたいな話になるんですが、すごくドライに言うと、複線に冗長化しておいて、止まらないようにする工夫ができているかどうか、ということだと思います。

自覚的か無自覚的かの違いはありますが、そういったバックアップのはしっこい人と、そうでない人の差はあると思います。同じところでアルゴリズム組んじゃうと、同じところで止まっちゃいますから、なるべく違う観点から、あるアルゴリズムを組んだ方がいいんです」

ここで筆者が、

「もう一つのアルゴリズムというのは無意識的なものなんですか」

と尋ねると、こう答えてくれた。

「両方とも。意識的であり、無意識的なものでもあります。ポイントは違う理屈、違うロジック、違う観点です。たとえば算数を解くときに、代数的に解く人と、幾何的に解く人がいるじゃないですか。あんな感じです。何か考えるのに、物理学のメタファー使う人と、ライフサイエンスのメタファー使う人がいて全然違うじゃないですか。そういう違うものを持っていると、システムが止まらない。

経営的にいうと、止まるっていうのは死を意味しますから、それを回避するための手段ですね。優秀な人は意識してそれを持っていて、さらに優秀な人は複数のシステムが相互に独立している状態を担保するために、できるだけ違った観点で見るようになります」

無意識的な領域も含まれるにせよ、いま走らせているメインシステム以外に、意図的にもう一つのシステムを持っていないと、経営は止まってしまうというのだ。これも二極構造ではなく、「メインシステムを展開する自分＋もう一つのシステムを持つ自分＋その二つを操る自分」という三極構造になっている点には注意が必要だ。

難解な指摘なので、筆者なりの補足を入れたい。

たとえば会社の経営を考えるさい、よく「戦争」と「舞台」という対照的なメタファーが使われる。「戦争」から経営を考えた場合、自社とライバル企業とはシェアを巡って戦っているので、そこで勝たなければ意味がない。「争」の世界観といって良いだろう。

一方「舞台」の方では、いかに顧客を魅了し、その支持や信頼を得るのかが何より重要になってくる。敵やライバルは関係ない。こちらは「競」の世界観だ。

もし経営者が、どちらかのメタファーしか持たないと、行き詰まったときに乗り換えが利かず、どん詰まりになってしまう。六章で触れた、ライバル企業にＭ＆Ａを仕掛けられ、対処しきれずに乗っ取られてしまった老舗企業のようになりかねない。

しかし、対極的な二つのイメージを――どちらかがメイン、残りはサブといった違いがあるにせよ――保持しているなら、すぐにチェンジしたり、時々で最適なバランスをとることができる。

ただし、和田氏はこうも指摘していた。

「人はある世界観を極めようとしないし、安住してしまう。世界観を持てるか、極められるか、複数持てるか。そのためには抽象化が必要」

確かにその通りなのだろう。だからこそ、名勝負師も名経営者も希少な存在なのだ。これは四章で取り上げた「自分のジャンルに活かせるよう抽象化した、他ジャンルの知識や知恵」の活かし方の一つの例でもある。

のっぴきならない状況で

ただし、「複数の自分」を自覚することで、ある程度自分を俯瞰できるようになったとしても、「もう一人の自分」を実体として感じるまでには、まだ少し距離がある。これを埋める要素とは何だろうか。「勝負師」たちの言葉を精査すると、浮かび上がってくるのが、

「のっぴきならなさ」

なのだ。

このヒントとなるのが、十一章で取り上げた「ＣＡＦＥの神様」楠本修二郎氏の言葉。リクルート事件のさいに、リクルートコスモス社で社長秘書だったため、東京地検特捜部に呼ばれたという話を、楠本氏はこう続けている。

「だから、よく検察官にいじめられてました。で、もう辛くてしょうがないって思ってましたけど、あるときに何かこうスイッチが入りまして。何て言うんだろう、戦場にいる兵

隊みたいな感じというか。だから、いまだにそうなんですけど、朝、目覚まし時計ってかけたことないんですよ。必ず一分前に起きれる。バッて起きたら一分前。この一分がとてもハッピーで一番心が安まる瞬間で。オンタイムだったので、よし行こう、そんな感じですね。だからトレーニングなんでしょうね。トレーニングというか、そういうところに身を置かざるを得なかったと」

逃げ場のない過酷な状況が続く中で、自分を客観視する「もう一人の自分」が生まれざるを得なかったというのだ。

実は、人間の脳には、こうした機能がもともと備わっている。学術的には「解離（かいり）」や「離人症」と呼ばれるものだ。

たとえば酷いイジメや、仕事で極端に追い詰められた状況にいるとき、その辛さを正面から受け止めてしまうと、心が壊れてしまう。そこで自己防衛のために、今の自分から抜け出して自分を傍観することで、その辛さをやわらげようとする――そんな脳の機能が備わっているのだ。

脳科学の実験でも、こんな結果が出ている。

解離度（離人症の重症度）は右頭頂葉の７ｂ野の活動ときれいに相関しているのである。つまり、解離度が高ければ高いほど、この部位の活動が強くなる。右頭頂葉の異

常活動によって、他者のイメージ（離人症の場合は自分のコピーであると考えられるもう一人の自分）が自己の意志とは無関係に生成されるのではないだろうか。[4]

一般に「解離」や「離人症」は病態として扱われるが、生活に支障がない限り、単なる脳の機能の一つに過ぎない。それどころか、自分を俯瞰するという意味では、非常に有効なあり方だ。その機能をうまく「人にまさる判断」に転用しているのが、勝負師たちの「もう一人の自分」と考えることができる。

実際、「勝負師」たちの証言には、こうした状況をうかがわせるものが多い。

時間や距離が置けなくても

さわかみ投信を創った澤上篤人代表も、「もう一人の自分」が存在していると語っている一人だ。

「いつも本気でやっているけど、全体がどうなっているのか自分には見えない。投資運用の現場にのめり込んでいるが故に、天の上にいる自分に『おーい、いまどうなっているんだ』と聞くんです」

なんでそんなことができるんですか、という筆者の問いに、こんな答が返ってきた。

「多くのファンドマネージャーは雇われ。与えられた運用任務にのめり込むあまり、マーケットの価格変動にどっぷりと浸ったまま、マーケットの下落とともに成績悪化でクビになる。そんな姿を何万、何十万も見てきて、自然と全体の流れを意識するようになっていった。結果が出せなければクビの世界では、常に流れを先取りしていく感覚を削ぎすましておかないと、どこかで致命傷を食らう。そのためにも、天の上の自分に常に聞き続ける必要がある」

「時間を置ければ、自分のやっていることの客観視はできると言われてますが」

と尋ねると、

「そんな余裕ないもん。だからしょっちゅう『おーい、どうだ』と天の上の自分に聞く。日露戦争のときの秋山真之も同じじ、逃げられないしね。真之は日本を背負っていたしね」

「でも、その天の上の自分って、本当に客観視できてるんですか」

と質問すると、澤上氏は笑いながらこう答えてくれた。

「それはわからない。でもそう信じて、聞くしかないわな」

そもそも、自分のやっていることの客観視は、時間や距離をうまく置けるなら、そう難

4 『イメージ脳』乾敏郎　岩波書店　二〇〇九年

しいことではない。「後から冷静になって考えてみると」という表現にそれは端的だ。

筆者も執筆のさい、ある程度の量の原稿を書き終えると、必ずしばらく原稿を寝かして、自分が冷静になるのを待ち、手直しするという作業を何十回も繰り返す。時間や距離を置くと、自分が書いたもののアラが大量に見えるからだ。

しかし、トレードの世界は一瞬一瞬が勝負。軍事もそう。そうなると、時間や距離を置いているヒマなどない。しかも目の前には、人生をかけた勝負が次々と押し寄せてくる。この切迫した状況で、人にまさる判断をしたければ、今の状況を完全に傍から見ている自分を登場させるしかない。そして、それができる機能を、人の脳はもともと持っているのだ。

筆者も、こんな想像をしてみた。

もし自分が一回だけで完璧な原稿を書かねばならず、それに失敗したら作家を失業するなり、死んでしまうなりすると仮定する。締め切りは間近で、しかも厳守、さてどうするか。

澤上氏や秋山真之と同じような脳の使い方を試みる可能性はある、と考える。本当に天の上にいる自分が客観視できる存在かどうかは保証の限りではないが、そういう対象を作ってスガらない限り、状況に呑まれ、自分を見失って良い判断など下しようがないからだ。

プロゴルファーの倉本昌弘氏の「（自己の客体化）ができないと、うまくいっているときはいいのだが、一度壁にぶつかった場合、それを乗り越えることができない」という記述や、イチロー氏の「（自分を客観視）できるようになったのは、九六年までの苦い経験があるからなんですよね」という発言も、まったく同じ文脈から読み解くことができる。成績が出なくなれば終わるプロの世界では、常に「のっぴきならない状況」「自分を見失いがちな状況」での判断が強いられる。だからこその「もう一人の自分」なのだ。

役割を負った者と、それを批評する者と

もう一つ、「もう一人の自分」への跳躍のヒントとなるような指摘がある。

ソニーの出井伸之氏が二〇〇五年に社長就任して以来、十年間にわたり社長直属の戦略スタッフを務めた八木香氏が、こう述べていた。

「仕事をしている自分なら俯瞰することができます。まず仕事は『舞台』、自分はそこで与えられた役割を演技している『俳優』だと思うことです。そして仕事が終わったら、私生活に帰って、舞台で演技している自分を評価します。そうすれば、仕事をしている自分は客観視できます」

「もう一人の自分」を持つやり方として、これはとてもうまいやり方ではないだろうか。

ビジネスを対象としているので、私生活との切り分けができる。つまり、場を移せるというのがポイントなのだろう。言葉を換えると、「公的な自分と、私的な自分」をうまく

分離することで、自分を客観視できるわけだ。十四章で引用した羽生棋士の証言にも、

「目の前の対局から何か新しい発見を探しているんです。お互いが一生懸命やれば、将棋は必ず意外性のあるドラマが生まれる。どうせ観るなら、面白いドラマを観たいんです」

――そうか、将棋を指す羽生さん、それを観る羽生さん、二人の羽生さんがいる。

「ええ、そうですよ」

とあったが、注目すべきは「どうせ観るなら、面白いドラマを観たい」という部分。「観客としての羽生棋士」が存在していて、想像をたくましくすれば、棋士として対局している自分に「もっと面白い将棋を見せろ」「もっと楽しませろ」とツッコミを入れている図式になっている。そして、対戦相手が下手な手を指すと、「観客としての羽生棋士」がついイヤな顔をする……。

こちらの方は、「対戦している自分と、それを観客として観ている自分」という分離だ。

八木氏と羽生棋士の指摘に共通するのは、前者の「公的な自分」や「対戦している自分」の方は、「～したい」「～しなければならない」という願望や役割、規範を背負っているということ。ビジネスで与えられた役割を果たす、自分も含めた観客を楽しませる、な

いしは将棋の真実に迫る……。

この役割や規範意識が、「もう一人の自分」を創り出す原動力の一つになる。

フランスの政治家・軍人だったシャルル・ドゴールにも、こんな逸話がある。

（ドゴール）がはじめて、この公的人格の存在に気づいたのは、戦時中、フランス領赤道アフリカのドゥアラを訪れたときだった。何千人という人波が、町に出て「ドゴール！　ドゴール！　ドゴール！」と叫んでいた。その中を歩みながら、彼は自分が実際の姿よりはるかに大きい伝説的存在になったのを感じた。ドゴール自身の述懐によれば「あの日から、私はドゴール将軍と呼ばれる男を意識せずには生きていけなくなった。私は、ほとんど彼のとりこになり、演説するときや重大な決断をする前には、ドゴールはこれに賛成するか、国民はドゴールにこれを期待しているか、ドゴールや彼の役割にとってこれは正しいかと、問わずにおれなくなった。ドゴール将軍にふさわしくないと思い返し、やりたいことを思い止まったのも一再ではなかった」という。[6]

5　『羽生善治　戦う頭脳』羽生善治　文春文庫　二〇一五年

まさしく、民衆の中にある、公的な英雄としてのドゴール像に目覚めたが故に「もう一人の自分」が生まれたのだ。

バッドコップ（悪い警官）をみずから買って出て、俯瞰しつつその役割を果たす藤本弁護士もそうだが、社会的に強い役割意識を要請される立場だったり、自分に対する理想像を持つ人であれば、これは持ちやすい「もう一人の自分」の姿であろう。

*

さて、ここまで客観視や俯瞰に主眼を置いた「もう一人の自分」の持ち方を見てきた。しかし「もう一人の自分」は、このレベルにはとどまらない。時には自分を超え、自分の想像だにしないものを創り出す力にもなっていく。

次章ではそのメカニズムを見ていく。そして一つ付言しておくと、次章は「なぜ人は、そもそも分裂しているのか」に対する答を、全体として示してもいる。

6 『指導者とは』リチャード・ニクソン　徳岡孝夫訳　文春学芸ライブラリー　二〇一三年

第十七章 「自分を超えた自分」はどこから来るのか

ひらめきのメカニズム

和田洋一氏は、筆者がインタビューしている中で、「別次元の自分」――「もう一人の自分」ではなく――について述べたことがある。

「もう一人の自分は、何人いても並列。それとは異なる、別次元の自分がいます。別次元の自分は、変化を促してくれたり、前提が変わったときに意見してくれたり、何か起きそうになった時に教えてくれる。しかし別次元の自分も、慣れてくると並列の自分になってしまう」

ここでの「別次元の自分」とは、まさしく③の「自分を超えた自分が、見えないところで働いていて、いざというとき登場する」というタイプの「もう一人の自分」そのものだ。羽生棋士の「今の自分よりも大きくて強いもう一人の自分」や内田樹氏の「こびとさん」もそうだが、まるで自分の後に超優秀な家庭教師が控えていて、何かあると勝手にいろいろ指導してくれるような感じだ。

では、このスーパー家庭教師の正体とは一体何なのだろうか。

理解のヒントとなるのが、認知心理学者の鈴木宏昭氏の指摘。これは、人の「ひらめき」はどのようなメカニズムで起こるのかを描いている。

意識できない情報が私たちの記憶システムのどこかにとどまり、それがこれまた意識できない形で現在の試行を評価したり、制約の緩和に関わったりしているのであ
る。意識システムのほうは、こうしたことに全く気づくことなく、ひたすらだめ出しをし続けている。しかし、その間に無意識的な認知と学習のシステムが、適切な試行のよい部分を評価して、それを生み出すリソースの強度を高める一方、まずい試行の原因となるリソースの強度を弱める。こうした無意識のはたらきによって、私たちは

徐々に変化していく。結局、ひらめきとは、意識できない自分のみごとさに驚くことなのだと言えよう。[7]

意識の領域で、人はいろいろな情報を受け取り、それについて思考を巡らせたりしている。実は同時に、無意識の領域でも同じことが行われているというのだ。

たとえば意識が、プランA、Bをひたすら検討しているときに、無意識は別のプランC、Dの方を、独自に情報収集しつつ検討している。両者の情報収集と推論が進むにつれ、突然ひらめく、

「Cじゃないか」

と。さらにいえば、これはくっきり二つにわかれているわけではなく、半無意識をプランや推測が漂ったり、意識と無意識を往還したりする。引用中にある「無意識的な認知」という表現がわかりにくいかもしれないが、こんな指摘がある。

夜道を歩いているとき、なにかの気配を感じて思わず立ち止まることがある。眼球

7　『教養としての認知科学』鈴木宏昭　東京大学出版会　二〇一六年

がつねに微細に振動しているからで、サッカードと呼ばれるこの眼球運動から入力される情報は通常、無意識で処理されているが（そうでないと世界が揺れ動いて倒れてしまう）、なにか異常なことを察知するとそのときだけ意識にのぼる。これがいわゆる「第六感」で、「見ていない」ものに気づくだけでなく、意識が聞き取れない音や、意識が感じられない空気の流れなどを瞬時に察知し、「直観知能」によって適切な対応をとるよう身体を操作している。[8]

用語の確認を一つしておくと、ひらめきと直感（直観）とは、意味が異なる。『大辞泉』での定義は次のようになる。

・直感——推理・考察などによるのでなく、感覚によって物事をとらえること
・ひらめく——考えや思いが瞬間的に思い浮かぶ

直感の方はあくまで「感覚」なので、なぜかという理由は説明できない。目の前の分かれ道に「右だ」と直感が働いたとして、なぜ右なのか、その理由は「何となく」としか言いようがない。この直感は、

・無意識による情報収集
・過去の経験の蓄積（三、四章で取り上げたような）

をベースにした気づきや類推、類比という側面が強い。経験の蓄積がないと、それは単

なる「ヤマカン」と呼ばれる。
一方、ひらめきは「考え」なので、ひらめいた後に背後にある考え、つまり理由が説明できる。「ひらめいた、これは右だ！　なぜなら〜」となるわけだ。まさしくひらめきは、無意識の中での推論なのだ。

確率的アプローチ

では、なぜ「ひらめき」のようなメカニズムが必要なのか。われわれが生きる世界は、論理的思考が、必ずしも良い判断に結びつくとは限らないからなのだ。認知心理学では、これを「確率的アプローチ」と呼ぶ。

(Oaskford & Chater) は、われわれの世界の一般的事実についての主張のほとんどは、(専門的用語を使用すれば) **破棄可能** (defeasible)、つまり結論の主張は追加的な情報によって破棄することができるものと指摘する。もしそうであるなら、日常的推論は、論理

8『スピリチュアルズ＝spirituals ──「わたし」の謎』橘玲　幻冬舎　二〇二一年

学に基づくことはありえない（**論理学は確実な知識についての計算である**）。**それは確率に基づくに違いない**（**確率は不確実な知識の計算である**）。[9]

ただし、これはやや行き過ぎた指摘かもしれない。

日常というのは、基本的に同じことの繰り返し。「破棄可能」ではあっても、前提の事実が大きく崩れることは滅多にない。だから「日常」と呼ぶのだ。「無意識の判断」でいわば自動操縦のように過ごせるし、何かあってもロジカルな推論でほとんど対処できる。

しかし一方で、本書のテーマとするような、ビジネスやゲーム、スポーツの競技、プライベートでの重要な決断になると、前提の確かさが揺らぐので、これを使えない場合がしばしば出てくる。また日常でも「想定外の事態」に直面する場合も当然、発生する。そうなると、別の推論の仕方を使う必要が出てくる。

軍事の戦闘で例えると、これは非常にわかりやすい。

たとえばみなさんが、中国古代の将軍になったとする。ある戦闘で、偵察部隊から報告が入ってきた。

「南方五里の山中に、敵の本隊らしき軍隊を発見」

もちろん、この報告が一〇〇%正しいとは限らない。敵の本隊ではなく、偵察部隊かもしれない。分遣隊かもしれない。地元住民や、味方の部隊の見間違いという可能性も、低いが考えられる。

　他に手掛かりがないので、一応この報告が正しい情報だとして最初の対策を考えるが、他の可能性も候補として保留しておく。このとき、他の候補のいくつかは無意識に送り込まれたり、半無意識を漂いつつ、そこでの考察対象になる。数字できっちり表されるわけではないが、それぞれの候補には可能性の高い低いの濃淡がある。ちなみにこれは十一章で取り上げた「危機管理」の状況そのものでもある。

　この後、追加の報告が来るたびに、敵の偵察部隊の可能性が高くなったり、見間違いの可能性が高くなったりと、各候補の評価値は変動する。そして敵の動きを追ううちに、ある時点で、無意識にあった候補の一つが勢いよく意識になだれ込み、

「これは敵の奇襲部隊だ、我が軍の補給部隊を襲おうとしているのだ」

と、ひらめく。

　もちろんロジカルな推論も、われわれがこの世界で生き残るための有力な武器になる。しかしこの例のように、重要な決断を下さなければならない場合、往々にして選択肢が複

9『思考と推論――理性・判断・意思決定の心理学』K．マンクテロウ　服部雅史監訳　山祐嗣監訳　北大路書房　二〇一五年

数あって、しかもそれらの前提の確率が変動する。そんなシビアな状況のなかで何かを選び取っていかなければならない。こんなとき不確実なはずの前提の一つに、下手に飛びついてロジカルな結論を出してしまうと、最悪の選択になりかねない。

そうなると、起こる確率が高いものから低いものまで、複数の候補をひとまず思考対象にしておくしかない。意識や無意識での場合もあれば、半無意識だったりする場合もある。そして、入ってきた情報によってそれぞれの前提の確かさ度合いを調整し、候補の優先順位の上げ下げをしつつ、乗り切っていくしかないわけだ。

もともと人類は、不意の外敵や、意図しない状況の変化にさらされつつ、太古の昔から生き延びてきた。脳がこのような仕組みを標準装備したのは、それが理由だろう。

これは純粋に推論の次元の話だが、現実にはその人の欲望や感情、気分のムラが、こうした推論には絡みついてくる。「この戦闘で勝って名を挙げて、称賛されたい」「戦いで死ぬのが怖い」「今日は朝からイライラする」といった気持ちが、候補の上げ下げに介入して、優先順位を歪ませたりする。「もう一人の自分」とは、こうした要らぬ介入の監視役でもあるのだ。ただし、監視したからといって、それを遮断できるかどうかは、また別問題になってしまうのだが……。

「こびとさん」に働いてもらうために

無意識というのは、人にまさる判断という切り口から言えば、実に悩ましい存在だ。ここまで取り上げてきた通り、無意識はわれわれの知らないところで働いてくれる、もう一人の働き者という側面を持つ。

判断という切り口でいえば、日常の判断のほとんどは、無意識の自動操縦になっているが、そこに『何か違う』『今までと同じじゃマズイかも』とツッコミを入れてくれるのが無意識ベースのもう一人の自分だ。

また、論理的にものを考えているときに、その論理の構成マズイだろ、と気づかせてくれたりもする。無意識が意識よりも「論理的」というのも不思議な話だが、確かにこういうことは普通に起こる。

いずれの場合も、多くは微妙な違和感のような形で、まずは表現される。こうした微妙なシグナルを察知して、いったん立ち止まれるか否かは「もう一人の自分」を持つ上で重要なポイントになる。

さらに、それまで無意識レベルに沈んでいた理路を、「ひらめき」という形で一挙に思考の表舞台に送り込んでくるのも、もう一人の自分だ。和田氏の指摘にあるように、最初は新鮮なひらめきも、時間がたつと「当たり前なもの」という扱いに落ち着いていく。

イメージとしては物陰から半分だけ、頭の先だけ、こっちを見ているもう一人の自分がいる。隠れている部分が無意識の領域。マズイと思うと、どかっと出てくる。ないしは半無意識の領域をただよう。

この意味で無意識は、「人にまさる判断」をする上で、本当に重要な役割を担っている。そして、こうした内田樹氏のいう「こびとさん」にしっかり働いてもらうためには、引用にもあったように、まず、

暴飲暴食を控え、夜はぐっすり眠り、適度の運動をして[10]

といった身体的条件を作っておく必要が出てくる。藤本弁護士も、この点で同じ趣旨のことを述べていた。

「交渉で心がけていることは、健康であることとですね。難しい交渉をするさいは気合いを入れますが、大事なことは、自分の心身が健康であること。海外の交渉で、時差で頭が働かないとか、話にならないですから」

和田氏も、経営危機に陥っていたスクウェア(後に合併してスクウェア・エニックスとなる)を立て直したさい、ゲームクリエーターたちの乱れた生活習慣をまず立て直したと述べていた。これも同じことだろう。当たり前の話かもしれないが、心身の健康は「勝負師」の条

件として不可欠なのだ。

さらに四章で取り上げた「幅広い知識や教養」に含まれる芸術体験も、無意識への栄養として必須になってくる。それは「ひらめき」に何より必要な、脳の「ゆらぎ」の数や幅を構築してくれる大きな源泉となるからだ。

無意識の罠

一方で無意識は判断を誤らせる元凶でもある。

いい例が日常での「無意識の自動操縦」を司っている部分、行動経済学でいうシステム1。素早い判断が可能なのは良いのだが、その分さまざまなバイアスを持ったり、早とちりしやすい。

一つ例をあげると、たとえば別々に一〇〇〇ないし一〇〇という数字の、どちらか一方だけを見せられた二つのグループがあったとする。その直後に、ある品物に値段をつけて下さいと言われると、一〇〇〇を見たグループは高く、一〇〇の方は低く値段をつけてし

10　内田樹の研究室「こびとさんをたいせつに」http://blog.tatsuru.com/2009/10/03_1726.html

まう。まったく何の関係もない数字の影響を、判断が受けてしまうのだ。

行動経済学では、このようなバイアスが山のように研究されている。現状バイアス、サンクコストバイアス、正常性バイアス、確証バイアス……。そういった研究を読んでいくと、正直今までの自分の判断は大丈夫だったんだろうかと、不安になること請け合いなほど、システム1は判断を歪めやすい。

さらに、無意識から湧き出る感情や欲望も、往々にして判断を狂わせてしまう。特に不安や恐怖の感情、過度の欲望や期待は要注意といって良いだろう。

トレードや賭博の世界にわかりやすい例がある。

冒頭に登場してもらったファンドマネージャーが、次のように語っていた。

「人って、小さく勝って、大きく負けがちになります。なぜなら、儲かっていると利益を確定したい気持ちが強くなり、損していると、またそのうち戻ってくるだろうと希望的観測を抱いて放置してしまうから。そして、暴落に巻き込まれて後から考えると驚くほどのド安値で売却してしまったりするんです。また、過去を見れば相場にはパターンがあるのですが、それは、当たり前ですが『絶対』ではないので、迷いや恐怖を生じます」

こういった不安心理に揺さぶられて、たとえば個々の取引ではトータル七勝三敗のはずなのに、金額的には大負けという結果が珍しくなくなる。逆にすぐれたファンドマネージャーは、「大きく勝って、小さく負ける」ので、トータル二勝八敗なのに、運用成績は大幅な黒といった技ができる、というのだ。

さらに、アメリカの人気作家マイケル・ルイスにこんな指摘がある。彼はもともと投資銀行員だった経歴を持つ。

投資家たちにとってこわいのは、カネを失うことより、孤立してしまうこと、つまりほかの連中が避けたリスクを自分ひとりで背負うことだ。ひとりだけ損をすると、その失敗に対して言いわけが立たない。投資家には、いや、たいていの人間には、言いわけが必要なのだ。不思議な話だが、何千人もの仲間といっしょなら、人は危ない崖っぷちにも平気で立つ。[11]

こうした群集の不安心理を逆手にとるのが、すぐれた投資家のやり方というわけだ。これは七章で触れた、「直感による判断は、それがパターン化してしまうと相手から行動を読まれる元になる」という話とも繋がってくる。

最後に、世界の賭場で活躍する森巣博氏に、こんな言葉がある。

11 『ライアーズポーカー』マイケル・ルイス　東江一紀訳　ハヤカワ文庫　二〇一三年

懼れを持って打つ博奕は勝てない。なぜだかは知らない。とにかくそうなのである。チャーリー・ディックスがこの「必勝法」により巨万の財を成していたとしても、大勝負ならば自分がコールすれば、それは迷う、びびる、萎縮する。そして迷い、びびり、萎縮した末に選択したコールは、誤る、負ける、スカ。[12]

チャーリー・ディックスとはイギリスの伝説のギャンブラー。森巣氏によると、彼の「必勝法」とは、確率五分五分（コインの裏表を当てる等）の賭けにおいて、

・負けると大きな痛手を負う規模の巨額の掛け金

・賭けを申し出た側が、先に選択する（コインなら、裏か表のどちらかを先に選ぶ）

という条件を満たせば、相手からの賭けの申し出を受けるというもの。要は、言い出しっぺの方が、人生のかかった選択をしなければならないのだ。すると、なぜか必ず外れを引く。

実際に彼は、このやり方で勝ち続けて巨万の富を築いたという。大森氏の言葉にも「心の余裕」とあったが、これが欠けると人はなぜか判断を誤ってしまうのだ。

他にも、怒りに目がくらんでいたり、嫉妬に狂っていたり、功名心にかられ過ぎているような場合、まともな判断はきわめて難しくなる。

人にまさる判断という意味では、強い感情や欲望はまさしく天敵でしかないのだ。

煩悩を丸ごと抱える

「判断」という切り口からすれば、感情や欲望など無い方がましともいえる存在かもしれない。では、なぜそんなものが人の心に棲み着いているのか。

理由は単純、感情や欲望なくして人の強いモチベーションや、物事を決めるさいの優先順位付けが生まれないからだ。

将棋の谷川浩司棋士（十七世名人）にこんな言葉がある。

負けん気と平常心のバランスはなかなかに難しい。私の年代になると、負けた時の悔しさを失った時点で「そろそろ引退が近いか」ということにもなってしまう。[13]

12　『無境界の人』森巣博　集英社文庫　二〇〇二年
13　『藤井聡太論——将棋の未来』谷川浩司　講談社＋α新書　二〇二一年

熾烈な勝負の場に身を置き続けるためには、感情ベースの強いモチベーションが必要なのだ。

さらに、アスリートの心理の研究にも、ちょっと意外な指摘がある。

最高のパフォーマンスをしているアスリートの多くが、怒りや復讐、憤慨などの感情を抱いていることである。[14]

最高のアスリートたちであれば、もはや煩悩など超越して、明鏡止水の境地に達しているかと筆者などは思っていたのだが、意外なことに、逆だというのだ。

人間という乗り物は、感情や欲望という名のガソリンや焚き付けがないと、勢いよく前に進めないらしい。確かに、悟りを開いて煩悩を捨て去った経営者がいたとして、良い経営ができるのかといえば、ちょっと想像が難しい。そもそも経営したいとも思わなくなるだろう。

さらに、物事の優先順位付けをするさいにも、感情や欲望は必須になる。

決断の難しい問題に対して、さまざまな候補が意識、無意識に湧き上がってくるが、どれを優先するかというメカニズムに関わってくるのが感情や欲望なのだ。

内部の状態に相談しなくても数学の問題は解けるが、メニューにないデザートを注文したり、次にしたいことの優先順位を決めたりすることはできない。感情ネットワークは、あなたが次に起こす可能性のある行動をランクづけするのに絶対必要だ。[15]

感情や欲望は、われわれのモチベーションや優先順位づけに不可欠なもの。しかし、しばしばそれは「人にまさる判断」の障害になってしまう。

こうした観点を総合的に判断する限り、まずは十四章の大森氏の指摘にあった、「良い意味でのニヒリズムや、諦観、一種の開き直り」を持つことが重要なのだろう。感情や欲望、不安や怯えといった要素はすべてを消せないにせよ、その噴き上がりを低減する心的操作や構えが必要になってくるのだ。

サッカーの遠藤氏にも、こんな指摘がある。

14 『競争の科学――賢く戦い、結果を出す』ポー・ブロンソン&アシュリー・メリーマン 児島修訳 実務教育出版 二〇一四年

15 『あなたの知らない脳――意識は傍観者である』デイヴィッド・イーグルマン 大田直子訳 ハヤカワ文庫 二〇一六年

サッカーにおいては、「あきらめる」ことは重要なスキルなのである。（中略）**「遠藤は何があっても動じない」とよく言われるが、ミスをしても、先読みが外れても、いい意味で「あきらめている」から、どんなときでも平常心でいられるのだと思う。**[16]

しかし、それでも欲望や感情、気分は居残り続けるし、それらは必要なものでもある。そうなると、大森氏の述べた、

「煩悩を捨てきれない自分自身をふくめて、もう一人の自分が情報として見ているという構図」

が、さらに必要になってくる。欲望や感情は前に進むための原動力や優先順位付けの基盤である以上、それらを心のどこかに置きつつ、丸ごとその存在を俯瞰して、対処するのが一つの扱い方なのだ。

ただし、メカニズムとして理解できても、これは煩悩だらけのわれわれ凡人にはなかなか実践し続けるのが難しい。一瞬だけならやれたとしても、持続的に実践するのであれば、その人の「あり方」や「生き様」の下支えが必須になる。

この重いテーマは、最終章で触れることとして、まず次章では、もう少し具体的で、取り入れやすい「もう一人の自分の持ち方」「自分の俯瞰や客観視」のテクニックについて見ていこう。

16 『「一瞬で決断できる」シンプル思考』遠藤保仁 KADOKAWA 二〇一七年

第十八章 メタ認知の技法

上司からの教え

この章では、具体的で実践しやすい「もう一人の自分」の持ち方について、とくに、B 自分の思考や心の持ち方、自分のあり方を、もう一人の自分が客観視する（二五〇頁）ための方法に焦点を当てつつ、さまざまな声を紹介していく。

まず、訓練や意識付けによって「もう一人の自分」を持てた、という証言がある。

十四章で触れた、日立をV字回復させた川村隆氏は、上司からの教えがきっかけになった、と述べていた。

「私の課長時代の上司に、綿森力さん（後の日立副社長）という相当優秀な先輩がいました。綿森さんが『ラストマン』の話をわれわれにした頃でしたが、『客観的に自分を見るというのが必要で、自分で出来ないときには、ちゃんとメンターの良いやつを付けてもらえ』という話もしていました。

メンターというのは、直属の上長ではあまり良くない。ちょっと斜め上にいるような人、ちょっと離れている人、あるいは――日立工場の工場長のときに、彼はそう言いましたから――『本社の人でもいいよ』と言ってましたけど、そういう人に見てもらうと、自分の考えがいかに狭いというようなことが分かるよ、と。

それが、ある種の緊張感にもなる。年がら年中自分のことをチェックしているわけじゃないけど、あの人は自分の仕事を時々見てくれているなっていう、その本人の気持ちがその後の仕事の展開にすごく役立つんだと、そんなことを言っていましてね」

「ラストマン」とは、逃げずにすべての責任を引き受ける人のことを指す。川村隆氏は、綿森氏からこの覚悟を教えられ、六九歳のときに日立の社長を引き受け、その改革に臨んだ。この言葉は、川村氏の著書のタイトルにもなっている。

「では、それ以後、もう一人の自分が自分を見ている感覚を維持するように、努力されたんですか」

と筆者が聞くと、川村氏はこう答えた。

「ええ。時々そういう風になるようにね。年がら年中だと、ちょっとしんどい時が」

この問答からわかるのは、「もう一人の自分」の持ち方としては、単純ではあるが、

① 理路を知った上での、意識付けの努力

が必要ということだ。

広がる自分の意識

さらに、十四章で取り上げた世阿弥に端的なように、演技者の世界には、演技する自分を俯瞰する眼を持て、という教えがある。これに関連して、

「演技者は自分の意識を客席まで拡大し、遍在させ、それによって観客の視点まで獲得すべし」

という教えがある。

ロシアの劇作家アントン・チェーホフの甥であり、アメリカに渡ってイングリッド・バーグマンやグレゴリー・ペック、ユル・ブリンナー、マーロン・ブランドといった多数のハリウッド俳優を育成したマイケル・チェーホフという俳優がいる。彼は自著のなかで、

こう述べている。

俳優の目覚めた独自性のもう一つの働きがある。それは遍在である。低い次元の私や役の架空の存在から比較的自由になり、大いに広がった意識を持った時、独自性はフットライトの両側に誇ることができるように思われる。それは役の創造者のみならず、その観客にまで及ぶ。それはフットライトの反対側から観客の体験に従い、その熱狂、興奮、落胆等を分かち合う。さらに、それは観客の反応が起るより一瞬早くそのことを予言する力を持っている。それは、何が観客を満足させ、何が彼を燃え立たせたり、冷静なままでいさせたりするのか知っている。[17]

世阿弥の「離見の見」にかなり近い指摘だが、ユニークなのは、自分の意識を広げて遍在させることで「聴衆の視点の獲得」を達成しようとしている点だ。そして、これとほぼ同じことを語っているのが、TPPの交渉官として活躍した人物だった。

「交渉のときは、俯瞰しなければいけないと思っています。その場合、客観的に見る、つ

17 『演技者へ！——人間—想像—表現』マイケル・チェーホフ　ゼン・ヒラノ訳　晩成書房　一九九〇年

まり我を捨てないと見えてきません。

自分で勝負しなければならないとき、気をつけているのは、自分をなるべく透明なところに持っていこうとします。相手を飲み込むくらいの大きい気持ちになっている時には、喋りながらも、どんどん新しい知恵がわいてくる。相手に共感を持ってもらえるような喋り方ができる。小さくなっているとダメ。

学生時代、演劇をやっていたことがあるのですが、舞台に立って、客席と一体になっている時は、反応が良いんですね。だから、自分で勝負しなければならないとき、ホール全体に自分が広がる気分になれるように調節しようとします」

これは、
② 自分の意識を広げ、相手や場を包み込むことによって、他の視点まで取り込むという手法だ。イメージトレーニングできる分、比較的習得しやすい面を持つ。

この本の著者は誰？

自分を客観視するのに有効な方法として、自分を自分でわざと突き放してみる、というやり方もある。

この切り口で、ジュリアス・シーザー（カエサル）、ダグラス・マッカーサー、シャルル・ドゴール、堀栄三、酒巻久氏には、ちょっと面白い共通点がある。堀栄三とは、大本営陸軍参謀や、戦後に自衛隊統幕情報室長を務めた日本のインテリジェンスの第一人者だった人物。みなさんは、何か想像つくだろうか？

それは、自分を三人称にした本や文章を残している、ということなのだ。

アメリカのニクソン元大統領が、彼の同時代の政治家たちについて書き残した本に、こんな述懐がある。

シーザーやマッカーサーがそうだが、ドゴールも書く書物の中で、しばしば自分を指すのに三人称を用いた。「ドゴールの耳に達するに至り」「ドゴールの決定に賛成することは」「これ以外にドゴールには選択の余地がない」といった表現を、何度も使った。あるとき新聞記者に理由を問われた彼は、文体の必要性から使うときもあるが「もっと大きい理由は、人々の心の中にドゴールという人間が存在し、それが私とは異なる人格を持つのを発見したからである」と答えた。[18]

名前のあがった中では、シーザーは自著『ガリア戦記』の中で、自分を第三者的にカエサル（シーザー）と記述していて、最初読んだときに「この著者って誰？」と少し混乱する。

また、酒巻久氏も自著『左遷社長の逆襲』で、堀栄三も『大本営参謀の情報戦記』という本の中で、自分を「酒巻」「堀」とまるで第三者のように記述している。

さらに、将棋の羽生善治棋士について、作家の保坂和志氏がこんな指摘をしている。

羽生の関心は、どう指せば「私」が良くなるかではなくて、この局面で両者が最善をつくすとどうなるかということにある。それが自戦記を「私」「××八段」と書かず「先手」「後手」と書いている理由で、結果として自戦記の語り手が「先手」なのか「後手」なのかわかりにくくなる。[19]

もちろんこうした振る舞いは、文字通り、自分を客観視している、ないしは、しようとしている証に他ならない。この手法は、

③　自分を三人称で記述する

というものだ。

コンサルタントの知恵

自分を俯瞰したければ、今の自分から時間的、空間的に距離を置くことが一つの解決法になる。しかし、状況の大波に飲み込まれていて、しかも即座の決断が求められるような状況では、それは極めて難しい。

ならば想像力を駆使して、「自分が時間的、空間的に距離を置けている姿」を思い浮かべられるなら、その代替になるはずだ。「もう一人の自分」はその究極の姿だが、もう少しソフトな手法もいろいろと考案されている。

まず、経営不振にあえいでいたエーエム・ピーエム・ジャパン（現ファミリーマート）に、社長として乗り込みV字回復させた後、現在はコンサルタントとして活躍する相澤利彦氏が、次のように述べていた。

「コンサルティングの世界では、『四つの飛ばし』といったりします。四つとは、『スコープを広げる』『時間軸を長く』『三人称へ』『世界観の飛ばし』です」

18『指導者とは』リチャード・ニクソン　徳岡孝夫訳　文春学芸ライブラリー　二〇〇三年
19『羽生――「最善手」を見つけ出す思考法』保坂和志　光文社知恵の森文庫　二〇〇七年

このうち、『スコープを広げる』『時間軸を長く』とは、視野を広げたり、長いスパンで対象を見ること。

『三人称へ』は、前項で取り上げた、自分自身を三人称で書くという意味ではない。「クライアント企業の人たちの多くは、従来からの発想の狭い世界の『一人称』で考えているので、もっと広い世界（お客様・取引先など『二人称』）の声を拾って、そして客観的に『三人称』でレポートを書け」

と先輩から教わったと相澤氏は述べていた。前に取り上げた、舞台や交渉での「自己の意識の膨張」と似た面があり、分析や記述の過程で「人称」をまたいで自分を拡大していくことで、「私」のくびきから逃れ、客観視しやすくするわけだ。

さらに、『世界観の飛ばし』とは、今の会社や業界とは、違う価値観を持つ世界からモノを見るという意味であり、四章で触れた「幅広い知識や教養」を学ぶ意味とそのまま重なってくる。

コンサルタントとは、クライアント企業をまず客観視することから価値を生み出していく面があるが、その前提にはこうしたテクニックの積み重ねがあるわけだ。

このうち、「時間軸を長く」を実践するための、格好のテクニックがある。

作家のスージー・ウェルチ（ゼネラル・エレクトリックのＣＥＯを勤めた、二十世紀を代表する経営者の一人ジャック・ウェルチの配偶者でもある）は、こう述べている。

今すぐに出る結果、近い将来に出る結果、遠い将来に出る結果をじっくり考え抜くことによって、先を見通すことができるのではないか、と。

十分後にどうなるか、十カ月後にどうなるか、十年後にどうなるか。[20]

これは「10―10―10（テン、テン、テン）」という呼び名がついている。未来を考えるための手法として基本的に考案されているが、自分の決断を客観視するのにも、うまい想像力の使い方ではないだろうか。

終わった後なら誰でも冷静

さらに、中国古典の『菜根譚』には、自分を冷静に振り返ることのできる瞬間を描いた一文がある。

20『10―10―10――人生に迷ったら、3つのスパンで決めなさい！』スージー・ウェルチ　小沢瑞穂訳　講談社　二〇一〇年満腹したあとで味のことを考えても、もはやうまいかまずいかの識別すらつかなくなっている。房事のあとで男女の交わりを思っても、もはや、そんな欲情はどこかに消しとんでいる。いつも事後の悔恨を思い起こして、事前の迷いに対処すれば、それなりに腹もすわって、誤りなきを期すことができよう（飽後に味を思わば、則ち濃淡の境都て消え、色後に婬を思わば、則ち男女の見尽く絶ゆ。故に人常に事後の悔悟を以って、事に臨むの癡迷を破らば、則ち性定まりて動くこと正しからざるはなし）[21]

そして、これと同じ発想から、自分を客観視するテクニックを生み出したのが、一章で「専門家の能力とは何か」を箇条書きにまとめていたゲーリー・クラインだ。

彼は、事前検屍（プレモータム）という手法を提唱している。検屍とは死体（この場合は失敗したプロジェクトなどの比喩）をあらためることであり、それを事前にやってしまおうというのだ。

練習問題では、まず、計画立案者たちに、彼らの立案した計画が数カ月後に実行された結果を想像するように依頼する、そして、その計画は失敗に終わったと仮定する。つまり、失敗したという事実だけが分かっているとする。そこで、失敗した原因

と考えた内容を説明しなければならない。「もちろん、それはうまくいかないことになっていた。なぜなら……」と説明できるような原因を探さなければならない。すなわち、ここで自分の計画への執着を捨てさせるのである。そして、失敗の原因を明確にすることで、自らの創造性を発揮させようとしているのだ。[22]

このやり方で計画の脆弱性や問題点をあぶり出すこともできるし、それ以上に、「自分の計画への執着を捨てさせる」、つまり自分の計画を客観視することが可能になるというのだ。

さらに、このやり方とは真逆の「事後検屍（ポストモータム）」という手法もある、「ポストモータム」は、もともとアメリカのＩＴ業界などで、インシデント（事故につながりかねない出来事）が起こった場合に使われていたやり方だ。和田氏はこれを、会社で「ゲームソフト」の振り返りとして使っていたと述べていた。

21 『菜根譚』前集二十六

22 『決断の法則――人はどのようにして意思決定するのか？』ゲーリー・クライン　佐藤佑一監訳　ちくま学芸文庫　二〇〇二年

たとえば、ゲームソフトが販売的に失敗したとする。しかしゲームのクリエーターは、その失敗を認めたくない。売れなかったけど、自分の作ったゲームは評価が高かったと思いたい。

そこで、なぜ売れなかったのかを関係者を集めて検証するのだが、このとき「批判しない」「責任追及しない」「人を主語にせず、『このゲームは』という主語を使う」などのルールでやると、中身ある振り返りができるというのだ。そして、これによって法則化ができ、以後のゲーム開発に応用できる。抽象化して、本質を知ることに繋がると述べていた。

こちらはいわば失敗の客観視であり、二章で触れた、失敗の経験を積みすぎると判断が歪むという問題の回避にも役立つ手法だろう。

自分が○○だったとしたら

さらに、今の自分を別の人や立場と入れ替えて、想像の翼を羽ばたかせることも、自分の客観視には役に立つテクニックになる。

経営学者のピーター・ドラッカーは、ＧＥ（ゼネラル・エレクトリック）のＣＥＯだったジャック・ウェルチに、こんな質問を投げかけたことがある。

ナンバーワン・ナンバーツー戦略がはっきりと頭に浮かんだのは、ドラッカーが投げかけた非常に厳しい、ふたつの質問がきっかけだ。すなわち「まだその事業に経験がないと仮定して、これからあらためて新規参入するつもりがあるのか」。答えがイエスなら「その事業に対してどのように取り組むつもりなのか[23]」

もし今の自分が、既存の事業をやっていない自分だったとしたら、どう判断するのか、とドラッカーは問うたのだ。この結果ウェルチは、業界でナンバーワンないしツーの地位を維持できる事業に特化するという戦略をとり、在任中ＧＥの時価総額を二〇倍以上に膨らませた。

ドラッカーの実業界への影響力の大きさがうかがい知れる話だが、そんな彼が、ハンガリーからアメリカへの亡命の手助けをした人物がいる。それが、後にインテルの中興の祖と呼ばれたアンドリュー・グローブだ。

このグローブにも、似たエピソードがある。当時インテルのメモリー事業は、日本企業からの攻勢を受けて業績が悪化していた。

23　『ジャック・ウェルチ　わが経営』ジャック・ウェルチ、ジョン・A・バーン、宮本喜一訳　日本経済新聞出版　二〇〇一年

> 目標もなく迷っている状態がすでに一年近く続いていた。１９８５年半ばのある日のことだ。私は自分のオフィスで、わが社の会長兼ＣＥＯであったゴードン・ムーアとこの苦境について議論していた。そこには悲観的なムードが漂っていた。私は窓の外に視線を移し、遠くで回っているグレート・アメリカ遊園地の大観覧車を見つめてから、再びゴードンに向かってこう尋ねた。
> 「もしわれわれが追い出され、取締役会が新しいＣＥＯを任命したとしたら、その男は、いったいどんな策を取ると思うかい？」
> ゴードンはきっぱりとこう答えた。
> 「メモリー事業からの撤退だろうな」。私は彼をじっと見つめた。悲しみも怒りももはや何も感じられないまま、私は言った。
> 「一度ドアの外に出て、戻ってこよう。そして、それをわれわれの手でやろうじゃないか[24]」

「自分の後任だったら」という問い一つで、彼らはメモリー事業からの撤退を決意、それが後に「ウィンテル（マイクロソフトとインテルの連合軍）」とも呼ばれたコンピューター業界の覇権へと繋がっていく。

さらに、ベストセラー作家のハース兄弟にこんな指摘がある。


他人へのアドバイスにはふたつの大きな利点がある。ひとつは意志決定の最重要な要素を自然と優先できること。もうひとつは一時的な感情を脇に置いておけることだ。そういうわけで、意志決定の行き詰まりを解消するには、こう自問するのがいちばん効果的かもしれない。

親友が同じ状況にいるとしたら、何とアドバイスするか？[25]

ニュース配信アプリで有名なグノシーを創業した福島良典（よしのり）氏は、筆者のインタビューの中で、これと同じ発想を述べていた。

「僕は迷った時、第三者的に自分の事業を見るんですよ。人の事業の弱点とか、企画のアドバイスって凄くできるんですけど、自分の事業になった瞬間にできなくなって、これ何

24『パラノイアだけが生き残る――時代の転換点をきみはどう見極め、乗り切るのか』アンドリュー・S・グローブ　佐々木かをり訳　日経BP社　二〇一七年
25『決定力！　正しく選択するための４つのステップ』チップ・ハース＆ダン・ハース　千葉敏生訳　早川書房　二〇一六年

だろうって思った時に、やっぱりすごいバイアスが入ってると思うんです」
まさしくアドバイスする立場に自分を置くことで、自分の事業を客観視しようとしていたのだ。
さて、ここまでいくつか具体的なテクニックを紹介してきたが、これらをまとめると、④想像力を駆使して、今の自分から時間的、空間的に距離を置いたり、自他の立場を入れ替えてみたりする
となる。想像力は、うまく使えれば自分自身を俯瞰するための有効な武器になるのだ。

有限な資源としての心的エネルギー

さて、この章で取り上げた手法を、いま一度振り返ってみよう。

①理路を知ったうえでの、意識付けの努力
②自分の意識を広げ、相手や場を包み込む
③自分を三人称で記述する
④想像力を駆使して、今の自分から時間的、空間的に距離を置いたり、自他の立場を入れ替えてみたりする。

さらに、前の章で取り上げた「もう一人の自分」を持つメカニズムは、次の二つだった。

⑤「もう一人の自分」を持たざるを得ない窮地に追いこまれる

⑥役割を背負った自分と、それを評価する自分の分離（自分を演技者、場を舞台に見立てる）

これらのうち、とくに①〜④のテクニックは、理路としては決して複雑なものではなく、実践しやすい。ただし、こうしたメタ認知に取り組む場合には、一つ留意すべき注意点がある。

それは、メタ認知が、脳の容量を多大に消費してしまう事実に起因する。

セルフモニターへのスイッチが入るかどうかはワーキングメモリの容量制約がかかわり、スイッチが入ったとしても、自己を十分に照らし出すことができるかどうかはワーキングメモリの容量の個人差が一定の役割を果たすものと思われる。[26]

自分の客観視は、ワーキングメモリ、つまり一時的な情報の記憶容量が大きくないと、充分にできないというのだ。端的にいえば、記憶力が良くないと徹底したメタ認知は難しい。しかもメタ認知は、やり続けていくと脳に疲労が蓄積して、消耗する。その結果として、心的なエネルギーが枯渇するほど、メタ認知も難しくなってしまう。

精神的に疲れ果ててしまった時に、うまく自制心が働かずに失敗した経験、誰しも一つや二つあるのではないだろうか。メタ認知もこの点は、似ているのだ。

ちなみに、行動経済学のシステム2についても、同様の指摘がなされている。

システム2を使うと疲弊してしまい、連続してシステム2をうまく機能させるのは難しいということです。（中略）事前に自制心を働かせた結果、まったく異なる種類の課題であっても、自制心のリソースが足りなくなり、結果としてシステム2を駆動させることができなかったというわけです。[27]

システム2を使い続けると疲れてしまうし、事前に何らか「自制心を働かせざるを得ない状況」にいると、そのことに心理的なエネルギーを使い果たしてしまい、やはりシステム2をうまく使えなくなってしまうというのだ。

定点観測と勝負の瞬間

こうした観点からいえば、川村隆氏の発言にあった、「時々そういうふうになるようにね。年がら年中だと、ちょっとしんどい時が」という言葉は、われわれに大きな示唆を与えてくれる。つまり「もう一人の自分」に象徴されるメタ認知は、よほど強靱な脳の基礎体力があるか、脳の「乖離（かいり）」機能のスイッチが入って常時作動している精神状態でなければ、

・間隔を空けて、自分に対する定点観測として
・ここぞという勝負の瞬間に使うものとして

くらいに考えていた方が無難なのだ。とくに生き残りの厳しい環境下で、脳を普段から酷使している場合、これはぜひとも押さえておくべきポイントとなる。継続的に客観視の努力を重ねていたとしても、肝心なときに疲れ果ててしまい、うまく使えなかったのでは

26 「メタ認知の脳科学」苧坂直行　『現代のエスプリ　497【内なる目】としてのメタ認知──自分で自分を振り返る』丸野俊一編集　至文堂　二〇〇八年
27 『意思決定の心理学──脳とこころの傾向と対策』阿部修士　講談社選書メチエ　二〇一七年

元も子もない。

裏を返せば、ここぞという局面でメタ認知し続けるためには、自分をリラックスさせ、心的なエネルギーを回復させるような場を定期的に作ることも、重要なポイントになってくる。

「勝負師」たちの中には、酒巻氏や羽生棋士のように、仕事がストレス解消という人もいるが、同時に、音楽やワインなどを上手に息抜きの道具にしている人々も少なくない。サッカーの遠藤保仁選手にも、こんな指摘がある。

試合中に頭をフル回転させなければ、的確に先を読むことはできない。それは、頭が疲れていると、プレーの質が落ちることを意味する。

だから、試合で最高のプレーをするために、試合以外ではできるかぎり頭を使わないようにしている。要は、サッカーをしているとき以外は何も考えていないのである。「遠藤はマイペースだ」と言われることがある。あまり余計なことは何も考えず、他人にも必要以上に気を遣うことはしないので、そのように評されるのかもしれない。（中略）サッカー以外で頭を使わないためには、自分のペースで時間を過ごすのがいちばんだ。[28]

息抜きやマイペース、私生活で何もしないことは、成果を出し続けている人間にとっては、語義矛盾を恐れずにいえば、「心的なエネルギーを回復させるための、必死のリラックス」という側面もあるのだ。

ただし、それとて限界がある。いくらこうした努力を続けたとしても、人は年齢を経るにしたがって、心的エネルギーがすり減り、自制心の抑えが利きにくくなっていく生き物でもある。

筆者が取材したファンドマネージャーの一人が、

「ファンドマネージャーは、やれて二十年。それ以上は、自分をコントロールするのが難しくなります」

と述べていたが、それはまさしくその間の事情を語ったものだ。ただし、これには明らかな例外もある。

次の最終章では、その例外事象について探究する。

28　『「一瞬で決断できる」シンプル思考』遠藤保仁　ＫＡＤＯＫＡＷＡ　二〇一七年

最終章

卓越し続けるとは
～「勝負師」のあり方～

なぜその道を選べるのか

ここまでメインで取り上げてきた大森義夫氏、和田洋一氏、酒巻久氏、澤上篤人氏の四人の方々には、その「あり方」において一つ共通点がある。

それは、一般的な価値観からいえば「普通それ選ばないでしょ」「なんてもったいない」

という選択に、人生の種々の局面で踏み込んでいることだ。少なくとも、筆者であれば「自分の利益にならないから」と避けるような選択肢をとっている。

しかし、こうした選択をする背景が、めぐりめぐって「よりよい判断」が、なぜ可能になるか――一回や数回ならまだしも、継続的に――という問いとも繋がってくる。

本書の締めとして、この点について触れておきたい。

まず、わかりやすい例を大森氏から拾ってみよう。

大森氏は、みずから携わってきたインテリジェンス活動を、著書の中で次のように表現する。


そこはかとなく「伝えたいこと」を伝えあうのが外交であるとすれば、伝えたくない内面を探るのがインテリジェンスである[29]

そう、インテリジェンス活動は、いわば国家関係の陰の側面を担うため、とくにスパイ活動に携わるエージェントなどは、大きな成果をあげたとしても顕彰されることは一切な

29『「インテリジェンス」を一匙――情報と情報組織への招待』大森義夫　紀伊國屋書店　選択エージェンシー　二〇〇四年

い。それどころか、もしエージェントとして相手国に捕まり、日本政府に問い合わせが来たとしても、「一切関係ありません」と切り捨てられる運命を当たり前のように受け入れなければならない。

エージェントとまでいかなくても、基本的に情報マンたちは、影に隠れた職人という意味で似たような側面を持つ。目立たず、知られず、賞賛されない任務に殉じなければならないのだ。

では、そんな彼ら／彼女らは、一体何をモチベーションに働いているのだろうか。大森氏に印象的な文章がある。

情報の担当者が私心とか期待を込めると情報は歪む。情報マンは十分に禁欲的でなければいけない。道徳とか倫理の問題ではなく、私欲が入ると情報が客観性を失うからである。私欲よりも「作品」に殉じたい。情報は報われることのないミッションに生きればよいではないか。私は井上靖文学の愛好者だが、小品「風林火山」は面白い。中年になって仕官の途を得た山本勘助は才知を発揮して武田信玄の軍師となる。彼は自らが亡ぼした諏訪家の息女で信玄の側室となった由布姫を思慕しつつ信玄の戦いを支え川中島で死ぬ。凜冽なロマンの物語である。[30]

世間から称賛されることはなくても、「人知れず国難を防いだ」「人々には知られないが国に多大な貢献を果たした」といった形で、自分自身、ないしは周囲にいるプロフェッショナルたちが、自分のなし遂げた「作品」を理解していれば、それで満足ではないか、というのだ。

これはもちろん大森氏自身も同じこと。情報マンは目立つべきではないと、すべての叙勲を辞退し、晩年は大学の学長を引き受けて、後進の育成に尽力された。大森氏は一言でいえば、

「自分のなし遂げたいことや、ありたい姿」

に忠実に生き切った人だったのだ。突き詰めてしまえば、自分を知るものは自分のみ。しかし、そこから尽きないモチベーションをくみ出していた。言葉を換えれば、良い意味での究極の自己満足を貫徹していた。

大森氏はそれを凛冽なロマンと呼ぶが、同じことは、酒巻氏や和田氏、澤上氏など他の「勝負師」の多くにも当てはまることだった。

30 『「インテリジェンス」を一匙――情報と情報組織への招待』大森義夫　紀伊國屋書店　選択エージェンシー　二〇〇四年

歴史の一部としての経営者

和田氏も、「自分自身や、周囲のプロフェッショナルの評価が大切」「世間の評価はまったく気にしない」と言い切る経営者であり、次のような発言があった。

「環境や状況や舞台の差はあれども、経営者は良くても悪くても、説明できなければダメ。良くても説明できないのはダメ、悪くても説明できるのは良い。僕が経営者を判断する軸は、ひたすらそれですね」

こうした思いを抱くに至ったのには、理由があるという。

「説明責任が重要だと思ったきっかけは、僕が二十代後半に野村證券の総合企画室で全社の企画をしていたとき、説明できない役員が増えてきたこと。『うるせえお前』で終わってしまう。『お前には説明できる』という人がいないとダメ。僕の説明責任の定義は『セミプロにわかるよう説明すること』。最低限の素養のある相手に説明できない奴は、自分でわかっていないということ。そこで権限を振りかざしてはいけない。これは自分の経営者としてのOSの話」

成功したか失敗したか（時間軸をどこで切り取るかで評価は大きく変わるが）は時の運でしかない。結果をつくる過程において、プロフェッショナルな判断を、説明できる状態で維持し続けていくことに和田氏の「あり方」があった。また、それが自分自身を見失っていないかの基準でもあったのだ。

和田氏には、こんな発言もある。

「二十歳くらいに経営者になろうと思ったんですけど、絶対に公開企業の経営者になろうと思った。何でかというと、少なくとも有価証券報告書は国会図書館で永久保存だから」

社会の公器である公開企業を経営し、かつ、その跡が有価証券報告書という形で、歴史の一部として残る――大森氏の言葉を借りれば、それが和田氏の「作品」なのだ。そして、そんな俯瞰した境地から、和田氏はプロフェッショナルとしての矜持（きょうじ）や行動様式を汲み出していった。

こうした背景があったからこそ、和田氏はスクウェアの社長を引き受けるさい、自分が社長を退任する条件を自分の中で決めている。それが、

「一期でも赤字になったら、社長を辞める」

というものだった。そして、和田氏いわく「スリップ事故」のような形で、二〇一三年度に赤字に陥った。和田氏は若干迷ったそうだが、「もう一人の自分」とも対話したうえで、

「やっぱり辞めよう。ただし、辞めると決めたのは『社長』というポジションだけ」

と思い至り、周囲の大反対を押し切って社長のポストを降りた。そして、自分が先鞭をつけたが、まだ芽が出てない事業の責任者に自分を降格する形で就任、そのチャレンジに

結論を出した後、二〇一六年にスクウェア・エニックスを完全に離れた。

お先にごめんね

大森氏は、報われないミッションに生きるインテリジェンス活動を、「愛国者のゲーム」と呼んでいたが、やや違った意味だが、ビジネスの世界で同じ「愛国者のゲーム」を続けているのが、酒巻氏だ。

まえがきなどでも触れた通り、酒巻氏はゼロックスなどから何倍もの年収で引き抜きを受けても断っている。極めて高い報酬にも、これ以上ない魅力的な仕事にも揺らがず、日本の産業界に貢献する道を選び続けたのだ。

そんなキヤノン電子は、ある時期から衛星の打ち上げ事業を立ち上げているが、筆者は、「なぜキヤノン本体ではなく、キヤノン電子が、衛星の打ち上げなんてやるんですか」と質問したことがある。酒巻氏の答はこうだった。

「アメリカ人は、イノベーションを起こすのは上手いけど、精緻なもの作りをするのは上手くないんです。だから、アメリカ人が立ち上げて、でも、もの作りが下手なところを狙っているんですよ。ゼロックスとかもそうだったでしょ。今は、宇宙産業がそうなんです。ロケットも衛星も高すぎる。キヤノン電子が作れば、品質よく効率的に作れる。それでアメリカの宇宙産業をなぎ倒し、あの世でスティーブ・ジョブズに、『俺の方が凄かったろう』というのが夢なんです」

アメリカの得意分野で、真っ向勝負して勝つ――こういった気概や気宇壮大さを、他のもの作り系大企業の経営者たちも持っていれば、もう少し日本の産業界も沈まずに済んだのではないか、と感じた瞬間だった。

この点では澤上氏もまったく同じ、世間の価値観や他人の評価を気にしない典型のような人物だ。それは常に未来を見ているからであり、口癖が、

「お先にごめんね」

という点にも表れている。要は、今ここでゴチャゴチャやっていたい人は、好きにやっていればいい。自分は未来を目指して先に進むから、と常に口にしているのだ。

そんな澤上氏に、モチベーションの源泉をうかがうと、意外にも、こんな答が返ってきた。

「怒りですね。社会に対する怒り。いってみれば公憤。たとえば、貧しくて困っている子どもがいる、これをなんとかせにゃあかん、と」

十七章で触れたように、怒りは何よりのモチベーションの源泉になる。しかも、澤上氏のような社会問題に対する怒りは、個人的な怒りとは違って「よりよい判断」のノイズに

なりにくい。嫉妬や怨恨と違って、目が眩みにくいのだ
筆者からすると、澤上氏はとにかく抱く欲望が大きい人だ。一人で美味しいものを食べてても面白くないと。どうせなら、ありとあらゆる人を笑顔にして、一緒に食事をした方が楽しいじゃないか——そう考えるタイプなのだ。

こういった背景があってこそ、

「長期投資という形で、本当に社会に貢献している企業を応援していこう」

と、日本初の長期投資の会社を立ち上げた。当初は、金融当局の無理解や業界関係者などからの嫌がらせ、無名の投信だったため個人で負債を十億以上負うなどの苦労もしたが、何とか軌道に乗せていった。その後、社会を良くする長期投資の仲間を増やしたいと、他の長期投信の立ち上げも支援し続けた。自分の投信の利益だけを考えていたら、絶対にできない行動だ。

卓越し続ける条件

この四人に共通する、

「自分のなし遂げたいことや、ありたい姿」

大森氏の表現を借りれば、

「作品を把持して、それを貫き通すという姿」は、彼らが卓越した「勝負師」であり続けることと深く関係する。

この最大の理由が、前章までを読んで頂いてわかるように「勝負師」であり続けることが、とにかく面倒で、手間がかかるという事実だ。

まず、「人にまさる判断」をし続けるためには、自領域はもちろん、隣接する領域の膨大な知識を追いかけ続けなければならない。同時に、幅広い教養を積み続けることも必須となる。

しかも、「もう一人の自分」などを使ったメタ認知など、厳しい自己節制も要請される。これらは「勝負師」のいわば、最低要件だ。

このように面倒で脳を消耗することを続けていくためには、非常に強い動機が必要になる。

もしそうした動機を、地位や名誉、金銭といった世間的価値観からくみ出した場合、それらがある程度満たされてしまえば、続ける強い動機が失われていく。

一方、四人に共通する「自分のなし遂げたいことや、ありたい姿」とは、私欲ではなく、高い志や使命感、プロフェッショナルとしての矜持（きょうじ）といった要素に支えられている。

結果的に金銭や名誉が手に入ってしまうケースはあるにせよ、それらに対する執着がない分、ある程度満足したから終わり、とはなりにくい。また、「よりよい判断」「人にまさる判断」の障害となるノイズ――私欲に基づいた願望や感情といった要素が入りにくい。

また、彼らは強い公的な目的意識や、役割意識を持っているからこそ、それをなし遂げるための「もう一人の自分」を持ちやすくもあった。これは十六章の「役割を負った者と、それを批評する者と」で触れた通りだ。大森氏の表現を借りれば、『作品』に殉ずる者と、その『作品』を批評する者と」と言っても良いかもしれない。

さらに、四人には「何をしたい、どうありたい」という確固たる行動の芯が存在するからこそ、物事をなし遂げる上で必要なメンタリティの数々、たとえば――

・モチベーションが高くて良質
・やり抜く力がある
・向上心が強い
・胆力がある
・気分のムラが少ない

といった要素を、当たり前のように高いレベルで兼ね備えていた。もちろん天性の面もあるだろうが、これらの要素は、心から成し遂げたいことや、ありたい姿があれば必要に駆られておのずと備わる面がある。逆に、そうした強い思いなしに後から身につけるのは、なかなか難しい。

この四人に共通する「あり方」は、今後多くの人が参考にすべき内実を持っている、と筆者は感じている。

なぜなら昨今のように、さまざまな領域が確実に外部に開き、流動化が進んでいく中では、生き抜くために必要なスキルも変転し、同じ会社や組織に依存し続けることも難しくなる。言葉を換えれば、「日常」が維持しにくくなるのだ。そうなると「よりよい判断」を死ぬまで主体的にし続けていく必要性が、ビジネスでも私生活でも高まってくるからだ。

人生という名の「作品」

もちろん、金銭や地位、名誉などが動機付けなのは、悪いことではまったくない。しかし、会社などの組織の責任者がそれしか持てないと、年齢を経るに従って誤った判断を連発しかねない。まさしく十二章で引用した、

「財界においては、実力者といわれた連中でも、亡くなった日から逆算して三年間にやったことはすべて失敗」

という状態に陥って、晩節を汚す。最初に強い志や使命感を抱いていても、腐らせてしまえばやはり同じこと、こうしたケースでは、本人が自分では問題を悟りにくい以上、十二、十三章で取り上げた「諫言役」を持てるか否かが、一つの鍵にもなってくる。

しかし少数ではあるが、権力や地位を握ってもそれに執着しない人々もいる。その理由

の一つは、筆者が見る限り、自分をメタ認知できることなのだ。すべてではないが。先ほどの和田氏をはじめ、日立の川村隆氏など、当てはまる人は多い。

川村氏は、日立をV字回復させた後、財界人にとって最高の名誉の一つである経団連会長のポストを打診された。しかし断り、逆に、原発事故を起こした東京電力の会長——誰が就いても火だるまになる、とわかっていたポスト——を引き受けている。普通はあり得ない選択に、財界では邪推も飛び交ったが、筆者がインタビューしたさい、

「自分は戦争経験者でした（終戦時に六歳）。本当は文学が好きだったんですが、科学技術立国で、日本を良い国にしたいと思って日立に入ったんですよ」

と川村氏は述べたことがある。若いときの志を腐らせず持ち続けているからこそ、できた選択だったのだ。

ただしこの川村氏の例でも明らかなように、「自分のなし遂げたいことや、ありたい姿」は、一般には理解されないことも多い。人は自分のレベルでしか、残念ながら他人を推し量ることができないからだ。すると、川村氏のように邪推されたりする。つまり、毀誉褒貶がつきまとう。

実際、四人の方も毀誉褒貶にさらされている、ないしは、いた面がある。しかし、本人たちは当然のように気にしていない。選ぶ道が異なれば、物事を測る物差しも、見える景色も異なるのが当たり前だからだ。

「よりよい判断」や「人にまさる判断」を下していくという意味では、前章まで探究してきたメカニズムやテクニックを学びことは、もちろん意味がある。ある程度のレベルまで到達して、世間的な成功を収めることも可能だろう。しかし、卓越した「勝負師」であり続けるためには、もう一歩踏み込んで、その人の根本の「あり方」がかかわってくる。

それは学び取る知識というより、選び取ることから始まる長い道のり。澤上氏ではないが、「お先にごめんね」で、外野に構っているヒマなどない。自分の殉ずるべき、人生という名の『作品』にひたすら向き合い続けるしかないのだ。

守屋 淳 Atsushi Moriya

中国古典研究家／作家
1965年、東京都生まれ。
早稲田大学第一文学部卒業。現在は作家として『孫子』『論語』『韓非子』『老子』
『荘子』などの中国古典や、渋沢栄一などの近代の実業家についての著作を刊行するかたわら、
グロービス経営大学院アルムナイスクールにおいて教鞭をとる。

編訳書に60万部の『現代語訳 論語と算盤』や『現代語訳　渋沢栄一自伝』、
著書にシリーズで20万部の『最高の戦略教科書 孫子』
『マンガ 最高の戦略教科書 孫子』『組織サバイバルの教科書 韓非子』、
『オリエント 東西の戦略史と現代経営論』（三谷宏治との共著）などがある

勝負師の条件

同じ条件の中で、なぜあの人は卓越できるのか

2023年3月22日　1版1刷
2023年4月7日　　2刷

著者　守屋 淳

発行者　國分正哉

発行　株式会社日経BP
日本経済新聞出版

発売　株式会社日経BPマーケティング
〒105-8308　東京都港区虎ノ門4-3-12

装幀　新井大輔

DTP　株式会社オフィスアリーナ

印刷・製本　三松堂印刷株式会社

ISBN978-4-296-11696-6

本書籍に関するお問い合わせ、ご連絡は下記にて承ります。
https://nkbp.jp/booksQA　　Printed in JAPAN